한국수학학력평가
KMA (Korean Mathemati...)

 **1** **KMA 특징**

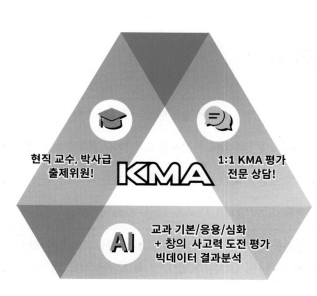

KMA 한국수학학력평가는 개개인의 현재 수학실력에 대한 면밀한 정보를 제공하고자 인공지능(AI)을 통한 빅데이터 평가 자료를 기반으로 문항별, 단원별 분석과 교과 역량 지표를 분석합니다. 또한 이를 바탕으로 전체 응시자 평균점과 상위 30 %, 10 % 컷 점수를 알고 본인의 상대적 위치를 확인할 수 있습니다.

KMA 한국수학학력평가는 단순 점수와 등급 확인을 위한 평가가 아니라 미래사회가 요구하는 수학 교과 역량 평가지표 5가지 영역을 평가함으로써 수학실력 향상의 새로운 기준을 만들었습니다.

KMA 한국수학학력평가는 평가 후 희망 학부모에 한하여 진단 상담 신청서와 상담 예약서를 작성하여 자녀의 수학학습에 관한 1 : 1 상담을 받을 수 있습니다.

2 KMA/KMAO 평가 일정 안내

구분	일정	내용
한국수학학력평가(상반기 예선)	매년 6월	상위 10% 성적 우수자에 본선 진출권 자동 부여
한국수학학력평가(하반기 예선)	매년 11월	
왕수학 전국수학경시대회(본선)	매년 1월	상반기 또는 하반기 KMA 한국수학학력평가에서 상위 10% 성적 우수자 대상으로 본선 진행

※ 상기 일정은 상황에 따라 변동될 수 있습니다.

3 KMA 시험 개요

참가 대상	초등학교 1학년~중학교 3학년
신청 방법	해당지역 접수처에 직접신청 또는 KMA 홈페이지에 온라인 접수
시험 범위	초등 : 1학기 1단원~5단원(단, 초등 1학년은 4단원까지)
	중등 : KMA홈페이지(www.kma-e.com) 참조

※ 초등 1, 2학년 : 25문항(총점 100점, 60분)　　▶ 시험지 內 답안작성
※ 초등 3학년~중등 3학년 : 30문항(총점 120점, 90분)　　▶ OMR 카드 답안작성

4 KMA 평가 영역

KMA 한국수학학력평가에서는 아래 5가지 수학교과역량을 평가에 반영하였습니다.

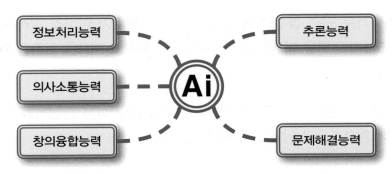

5 KMA 평가 내용

| 교과서 기본 과정 (10문항) | 해당학년 수학 교과과정에서 기본개념과 원리에 기반 한 교과서 기본문제 수준으로 수학적 원리와 개념을 정확히 알고 있는지를 측정하는 문항들로 구성됩니다. |

교과서 기본 과정 (10문항)
해당학년 수학 교과과정에서 기본개념과 원리에 기반 한 교과서 기본문제 수준으로 수학적 원리와 개념을 정확히 알고 있는지를 측정하는 문항들로 구성됩니다.

교과서 응용 과정 (10문항)
해당학년 수학 교과과정의 수학적 원리와 개념을 정확히 알고 기본문제에서 한 단계 발전된 형태의 수준으로 기본과정의 개념과 원리를 다양한 상황에 적용하고 응용 할 수 있는지를 측정하는 문항들로 구성됩니다.

교과서 심화 과정 (5문항)
해당학년의 수학 교과과정의 내용을 정확히 알고, 이를 다양한 상황에 적용하고 응용 하는 능력뿐만 아니라, 문제에서 구하는 내용과 주어진 조건과의 상호 관련성을 파악 하여 문제를 해결할 수 있는지를 측정하는 문항들로 구성됩니다.

창의 사고력 도전 문제 (5문항)
학습한 수학내용을 자유자재로 문제상황에 적용하며, 창의적으로 문제를 해결할 수 있 는 수준으로 이 수준의 문항은 학생들이 기존의 풀이방법에서 벗어나 창의성을 요구하 는 비정형 문항으로 구성됩니다.

※ 창의 사고력 도전 문제는 초등 3학년~중등 3학년만 적용됩니다.

6 KMA 평가 시상

	시상명	대상자	시상내역
개인	금상	90점 이상	상장, 메달
	은상	80점 이상	상장, 메달
	동상	70점 이상	상장, 메달
	장려상	50점 이상	상장
학원	최우수학원상	수상자 다수 배출 상위 10개 학원	상장, 상패, 현판
	우수학원상	수상자 다수 배출 상위 30개 학원	상장, 족자(배너)
	우수지도교사상	상위 10% 성적 우수학생의 지도교사	상장

※ 상위 10% 이내 성적 우수자에 본선(KMAO 왕수학 전국수학경시대회) 진출권 부여

7 **KMA** OMR 카드 작성시 유의사항

1. 모든 항목은 컴퓨터용 사인펜만 사용하여 보기와 같이 표기하시오.
   보기) ① ● ③
   ※ 잘못된 표기 예시 : ☑ ☒ ⊙ ∅
2. 수정시에는 수정테이프를 이용하여 깨끗하게 수정합니다.
3. 수험번호란과 생년월일란에는 감독 선생님의 지시에 따라 아라비아 숫자로 쓰고 해당란에
3. 표기하시오.
4. 답란에는 아라비아 숫자를 쓰고, 해당란에 표기하시오.
   ※ OMR카드를 잘못 작성하여 발생한 성적 결과는 책임지지 않습니다.

OMR 카드 답안작성 예시 1 한 자릿수	예1) 답이 1 또는 선다형 답이 ①인 경우 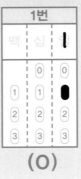
OMR 카드 답안작성 예시 2 두 자릿수	예2) 답이 12인 경우 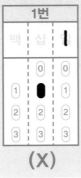
OMR 카드 답안작성 예시 3 세 자릿수	예3) 답이 230인 경우 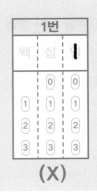

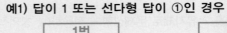
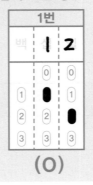
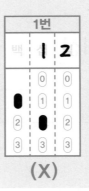
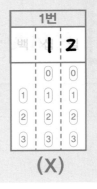

8 KMA 접수 안내 및 유의사항

(1) 가까운 지정 접수처 또는 KMA 홈페이지(www.kma-e.com)에서 접수합니다.

(2) 지정 접수처 접수 시, 응시원서를 작성하여 응시료와 함께 접수합니다.
 (KMA 홈페이지에서 응시원서를 다운로드 받아 사용 가능)

(3) 응시원서는 모든 사항을 빠짐없이 정확하게 작성합니다.
 시험장소는 접수 마감 후 추후 KMA 홈페이지에 공지할 예정입니다.

(4) 초등학교 3학년 응시생부터는 OMR 카드를 사용하여 답안을 작성하기 때문에 KMA 홈페이지에서
 OMR 카드를 다운로드하여 충분히 연습하시기 바랍니다.
 (OMR 카드를 잘못 작성하여 발생한 성적에 대해서는 책임지지 않습니다.)

(5) 부정행위 또는 타인의 시험을 방해하는 행위 적발 시, 즉각 퇴실 조치하고 당해 시험은 0점 처리
 되오니, 이점 유의하시기 바랍니다.

9 KMAO 왕수학 전국수학경시대회(본선)

KMA 한국수학학력평가 성적 우수자(상위 10%) 등을 대상으로 왕수학 전국수학경시대회를 통해 우수한 수학 영재를 조기에 발굴 교육함으로, 수학적 문제해결력과 창의 융합적 사고력을 키워 미래의 우수한 글로벌 리더를 키우고자 본 경시대회를 개최합니다.

참가 대상 및 응시료	KMA 한국수학학력평가 상반기 또는 하반기에서 성적 우수자 상위 10% 해당자로 본선 진출 자격을 받은 학생 또는 일반 참가 학생 ＊본선 진출 자격을 받은 학생들은 응시료를 할인 받을 수 있는 혜택이 있습니다.
대상 학년	초등 : 초3 ~ 초6(상급학년 지원 가능) 　　　※초1~2학년은 본선 시험이 없으므로 초3학년에 응시 자격 부여함. 중등 : 중등 통합 공통과정(학년구분 없음)
출제 문항 및 시험 시간	주관식 단답형(23문항), 서술형(2문항) 시험 시간 : 90분 ＊풀이 과정에 따른 부분 점수가 있을 수 있습니다.
시험 난이도	왕수학(실력), 점프왕수학, 응용왕수학, 올림피아드왕수학 수준

＊시상 및 평가 일정 등 자세한 내용은 KMA 홈페이지(www.kma-e.com)에서 확인 하실 수 있습니다.

10 교재의 구성과 특징

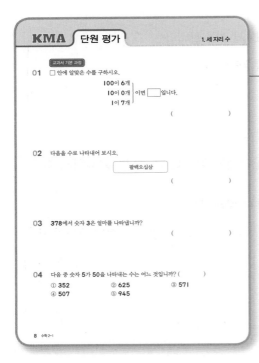

단원평가

KMA 시험을 대비할 수 있는 문제 유형 들을 단원별로 정리하여 수록하였습니다.

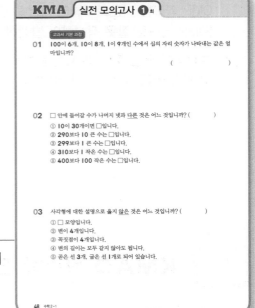

실전 모의고사

출제율이 높은 문제를 수록하여 KMA 시 험을 완벽하게 대비할 수 있도록 합니다.

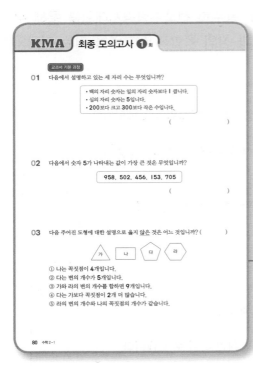

최종 모의고사

KMA 출제 위원과 검토 위원들이 문제 난이도와 타당성 등을 모두 고려한 최종 모의고사를 통하여 KMA 시험을 최종적 으로 대비할 수 있도록 하였습니다.

Contents

교과서 기본 과정

01 □ 안에 알맞은 수를 구하시오.

100이 6개 ⎫
10이 0개 ⎬ 이면 □ 입니다.
1이 7개 ⎭

(   )

02 다음을 수로 나타내어 보시오.

팔백오십삼

(   )

03 378에서 숫자 3은 얼마를 나타냅니까?

(   )

04 다음 중 숫자 5가 50을 나타내는 수는 어느 것입니까? (   )

① 352　　　　② 625　　　　③ 571

④ 507　　　　⑤ 945

05 다음은 어떤 수에 대한 설명입니까?

> • 10이 50개인 수입니다.
> • 490보다 10 큰 수입니다.
> • 499보다 1 큰 수입니다.

(   )

06 □ 안에 알맞은 수를 구하시오.

> 467은 10이 [ ] 개이고, 1이 7개인 수입니다.

(   )

07 공책이 100권씩 4묶음, 10권씩 7묶음, 낱개로 3권 있습니다. 공책은 모두 몇 권 있습니까?

(   )권

08 다음 중 두 수의 크기 비교를 바르게 한 것은 어느 것입니까? (   )

① 328 > 330   ② 670 > 625   ③ 738 < 725
④ 494 > 496   ⑤ 539 > 541

09 다음은 몇씩 뛰어 세기 한 것입니까?

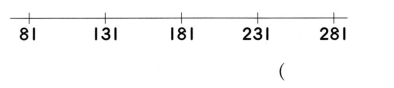

(   )

10 다음은 석기와 그 친구들이 가지고 있는 스티커의 수입니다. 각 자리 숫자 중 한 숫자가 지워져 잘 보이지 않습니다. 누가 스티커를 가장 많이 가지고 있습니까? (   )

석기	영수	동민	효근	예슬
2□8장	81□장	4□9장	12□장	809장

① 석기   ② 영수   ③ 동민
④ 효근   ⑤ 예슬

교과서 응용 과정

11 십의 자리 숫자가 **7**인 세 자리 수 중 가장 작은 수는 어떤 수입니까?

(   )

12 다음은 두 수의 크기를 비교하여 나타낸 것입니다. □ 안에 들어갈 수 있는 숫자는 모두 몇 개입니까?

$$758 > 7\,\square\,9$$

(   )개

13 십의 자리 숫자가 **5**이고, 일의 자리 숫자가 **8**인 세 자리 수 중 **460**보다 크고 **880**보다 작은 수는 모두 몇 개입니까?

(   )개

14 10장의 숫자 카드에 **0**부터 **9**까지의 숫자가 적혀 있습니다. 이 중에서 **3**장을 골라 세 자리 수를 만들 때, 만들 수 있는 가장 작은 수는 얼마입니까?

(   )

15 다음과 같은 숫자 카드로 세 자리 수를 만들 때, 두 번째로 작은 수를 구하시오.

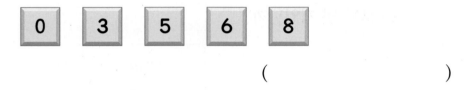

(   )

16 가영이는 숫자 카드 7, 4, 3으로 **473**을 만들었습니다. 신영이가 숫자 카드 1, 5, 8을 한 번씩만 사용하여 가영이가 만든 수보다 더 큰 세 자리 수를 만들려고 합니다. 신영이가 만들 수 있는 수는 모두 몇 개입니까?

(   )개

17 동민이의 저금통에는 **100**원짜리 동전이 **5**개, **50**원짜리 동전이 **3**개, **10**원짜리 동전이 **20**개 들어 있습니다. 이 저금통에 들어 있는 돈은 모두 얼마입니까?

(   )원

18 각 자리 숫자들의 합이 **17**인 세 자리 수가 있습니다. 세 숫자 중 하나가 **7**일 때 가장 큰 세 자리 수를 구하시오.

(   )

19 **4**장의 숫자 카드 중 **3**장을 골라 **600**보다 작은 세 자리 수를 만들려고 합니다. 모두 몇 개를 만들 수 있습니까?

| 0 | 5 | 2 | 6 |

(   )개

20 규칙적으로 수를 배열한 표에서 ㉠에 알맞은 수를 구하시오.

...	256	257	258	259	260	261	...
...	366	367	368	369	370		...
...	476	477					...
...				㉠			...

(   )

교과서 심화 과정

21 0부터 9까지의 숫자 중에서 ㉠, ㉡, ㉢에 들어갈 수 있는 숫자를 찾아 ㉠, ㉡, ㉢을 사용하여 가장 작은 세 자리 수를 만들면 얼마가 됩니까?

㉠75 > 96㉡ > ㉢98

(   )

22 5장의 숫자 카드 중에서 3장을 뽑아 세 자리 수를 만들려고 합니다. 만들 수 있는 세 자리 수는 모두 몇 개입니까?

2 5 3 0 8

(   )개

23 어떤 수에 대한 설명입니다. 어떤 수가 될 수 있는 수는 모두 몇 개입니까?

> • **300**보다 크고 **400**보다 작습니다.
> • 각 자리의 숫자는 모두 다르고, 그 합은 **9**이다.

(   )개

24 다음 조건을 모두 만족하는 세 자리 수는 몇 개입니까?

> • 서로 다른 세 숫자로 이루어져 있습니다.
> • 일의 자리 숫자는 십의 자리 숫자보다 **3** 작습니다.
> • 백의 자리 숫자는 십의 자리 숫자보다 **2** 큽니다.

(   )개

25 일정하게 뛰어 세기를 하여 수를 늘어놓았습니다. ⓒ이 ㉠보다 **200**만큼 더 크다면 ⓒ은 얼마입니까?

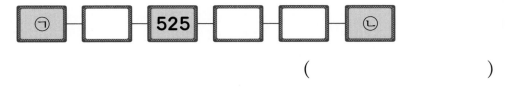

(   )

교과서 기본 과정

01 다음 중 원을 본뜰 수 있는 것은 어느 것입니까? ( )

①

②

③

④

⑤

02 다음 중 원에 대한 설명으로 옳은 것은 어느 것입니까? ( )

① 크기가 달라도 모양은 같습니다.

② 모양은 달라도 크기는 같습니다.

③ 3개의 꼭짓점이 있습니다.

④ 꼭짓점과 변이 무수히 많습니다.

⑤ 4개의 변이 있습니다.

03 사각형은 모두 몇 개입니까?

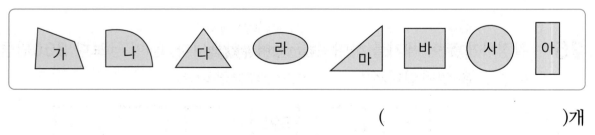

( )개

04 삼각형의 꼭짓점의 수와 사각형의 꼭짓점의 수의 합은 얼마입니까?

( )

05 오른쪽 도형에 대한 설명입니다. ㉠과 ㉡의 합은 얼마입니까?

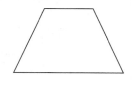

> ㉠개의 곧은 선으로 둘러싸여 있으며
> ㉡개의 꼭짓점이 있습니다.

(   )

06 그림과 같이 색종이를 점선을 따라 자르면 사각형은 몇 개 생깁니까?

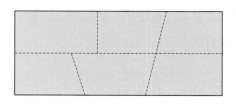

(   )개

07 다음 중 변이 가장 많은 도형은 어느 것입니까? (   )

① 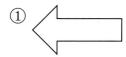   ②   ③

④ 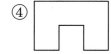   ⑤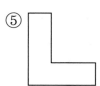

08 다음 중 쌓기나무 **4**개를 사용하여 만든 모양은 어느 것입니까? (단, 보이지 않는 쌓기나무는 없습니다.) (   )

①

②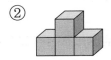

③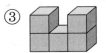

④

⑤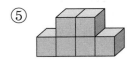

09 쌓기나무를 왼쪽 모양과 똑같이 쌓으려고 합니다. 어느 부분에 쌓기나무 한 개를 더 놓아야 합니까? (   )

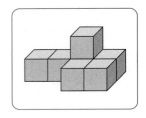

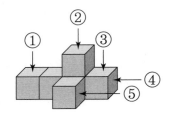

10 모양에 대한 설명을 보고 쌓은 모양을 찾아 번호를 쓰시오. (   )

> 계단 모양으로 **1**층에 **2**개, **2**층에 **1**개를 놓았습니다.

①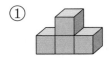

②

③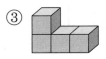

교과서 응용 과정

11 칠교판에서 삼각형 조각은 사각형 조각보다 몇 개 더 많습니까?

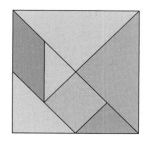

(   )개

12 오른쪽 그림에서 찾을 수 있는 변이 있는 도형의 개수를 □개, 변이 없는 도형의 개수를 △개라 할 때 □−△의 값은 얼마입니까?

(   )

13 점들을 이어 만들 수 있는 사각형은 모두 몇 개입니까?

(   )개

14 그림과 같이 색종이를 반으로 접어서 선을 따라 오렸습니다. ㉮ 부분을 펼쳤을 때 생기는 도형은 어느 것입니까? (   )

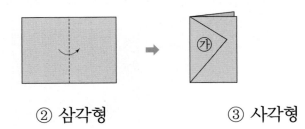

① 원   ② 삼각형   ③ 사각형

15 다음 그림에서 찾을 수 있는 크고 작은 사각형은 모두 몇 개입니까?

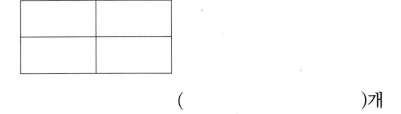

(   )개

16 점선을 따라 색종이를 접은 뒤 다음과 같이 오리면 삼각형은 몇 개가 생깁니까?

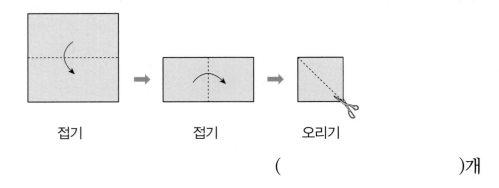

접기   접기   오리기

(   )개

17 오른쪽 그림은 원을 **4**개로 똑같이 나눈 것 중의 하나입니다. 이 모양을 겹치지 않게 이어 붙여 원을 **3**개 만들려면 이 모양은 몇 개가 필요합니까?

(   )개

18 쌓기나무 **6**개로 쌓은 모양은 모두 몇 개입니까?

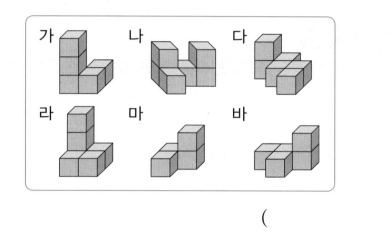

(   )개

19 다음은 쌓기나무를 규칙에 따라 쌓은 것입니다. (라) 모양을 만들기 위해 필요한 쌓기나무는 모두 몇 개입니까?

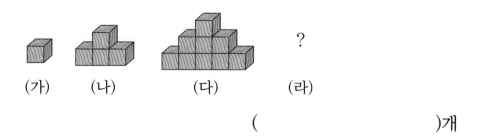

(가)   (나)   (다)   (라)

(   )개

20 오른쪽은 색종이를 오려서 만든 것입니다. 사각형의 개수를 ■개, 삼각형의 개수를 ▲개, 원의 개수를 ●개라고 할 때 ■＋▲＋●의 값은 얼마입니까?

(   )

교과서 심화 과정

21 다음 그림에서 찾을 수 있는 크고 작은 삼각형은 모두 몇 개입니까?

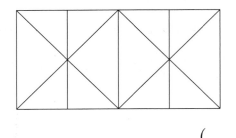

(   )개

22 오른쪽 그림과 같이 변의 길이가 모두 **4** cm인 도형이 **5**개 있습니다. **5**개의 도형을 변끼리 이어 붙여 둘레의 길이가 가장 짧은 도형을 만들 때, 이 도형의 둘레의 길이는 몇 cm입니까?

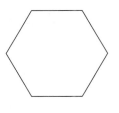

(   )cm

23 다음 그림에서 ★을 포함하는 크고 작은 사각형은 모두 몇 개입니까?

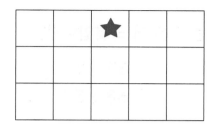

(   )개

24 주어진 세 개의 도형은 변의 길이가 모두 같습니다. 이 세 개의 도형을 변끼리 이어 만들 수 있는 도형은 모두 몇 개입니까? (단, 돌리거나 뒤집어서 같은 모양 은 한 가지로 생각합니다.)

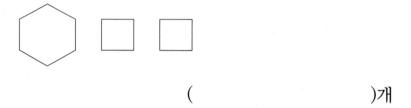

(   )개

25 오른쪽 점 종이에서 세 개의 점을 꼭짓점으로 선택하여 만들 수 있는 삼각형은 모두 몇 개입니까?

(   )개

교과서 기본 과정

01 다음 중 합이 가장 큰 것은 어느 것입니까? (   )

① 64+6　　　② 67+7　　　③ 66+5

④ 69+9　　　⑤ 68+5

02 ㉮에 알맞은 수는 얼마입니까?

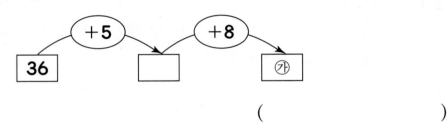

(   )

03 전깃줄에 참새가 **34**마리 앉아 있습니다. 잠시 후 **8**마리가 더 날아와 전깃줄에 앉았습니다. 전깃줄에 앉아 있는 참새는 모두 몇 마리입니까?

(   )마리

04 □ 안에 알맞은 수는 얼마입니까?

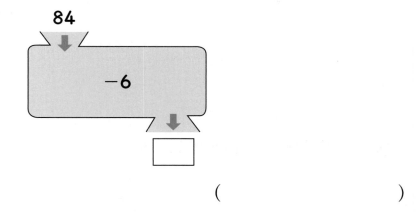

(   )

05 ㉮에 알맞은 수는 얼마입니까?

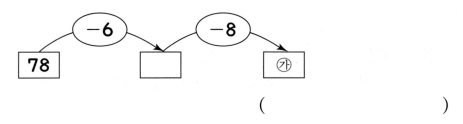

(   )

06 가영이는 동화책을 **47**권, 위인전을 **8**권 가지고 있습니다. 동화책은 위인전보다 몇 권 더 많습니까?

(   )권

07 38＋45와 계산 결과가 같은 것은 어느 것입니까? (   )

① 36＋24   ② 79＋26   ③ 14＋69
④ 28＋59   ⑤ 47＋17

08 ㉮에 알맞은 수는 얼마입니까?

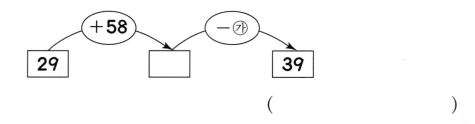

(   )

09 꽃병에는 빨간색 장미가 25송이, 흰색 장미가 6송이, 노란색 장미가 9송이 꽂혀 있습니다. 꽃병에 꽂혀 있는 장미는 모두 몇 송이입니까?

(   )송이

10 효근이는 사탕을 23개 가지고 있었습니다. 어제 9개를 먹고, 오늘은 7개를 먹었습니다. 효근이에게 남아 있는 사탕은 몇 개입니까?

(   )개

11 1부터 9까지의 수 중에서 □ 안에 들어갈 수 있는 수는 모두 몇 개입니까?

$$34 - \square > 28$$

( )개

12 구슬을 용희는 9개, 웅이는 37개 가지고 있습니다. 웅이가 용희에게 몇 개의 구슬을 주면 두 사람의 구슬의 수가 같아지겠습니까?

( )개

13 숫자 카드 2, 4, 8이 있습니다. 두 장을 뽑아 만들 수 있는 두 자리 수와 나머지 한 장의 수와의 차가 가장 작게 되도록 뺄셈식을 만들 때 차는 얼마입니까?

( )

14 동민이네 반 학급 문고에 동화책이 **56**권, 위인전이 **15**권, 만화책이 **19**권 있습니다. 동민이네 반 학급 문고에 있는 책은 모두 몇 권입니까?

(   )권

15 주차장에 자동차가 **82**대 있었습니다. 이 중에서 **38**대가 나가고, **17**대가 새로 들어왔습니다. 지금 주차장에는 몇 대의 자동차가 남아 있습니까?

(   )대

16 ㉮에 알맞은 수는 얼마입니까?

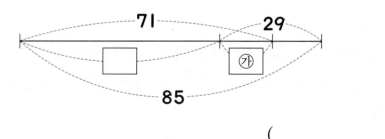

(   )

17 한초는 숫자 카드 4, 7, 6, 9를 가지고 두 자리 수를 만들어 보려고 합니다. 한초가 숫자 카드를 한 번씩 사용하여 두 자리 수를 두 개 만들었을 때 가장 큰 합은 얼마입니까?

(   )

18 사과와 배의 개수를 모두 합하였더니 **60**개가 되었습니다. 사과가 배보다 **8**개 더 많다면, 사과는 몇 개입니까?

(   )개

19 △가 **13**일 때, ☆은 얼마입니까?

$$\triangle + \triangle = \square$$
$$\bigcirc - \square = \square$$
$$\bigcirc - \square + \triangle = ☆$$

(   )

20 I부터 **9**까지의 수 중에서 □ 안에 들어갈 수 있는 수를 모두 찾아 합을 구하면 얼마입니까?

$$37 - 2 + \boxed{} > 42$$

(   )

교과서 심화 과정

21 다음과 같이 효근, 동민, 용희는 구슬을 가지고 있습니다. 용희는 효근이보다 구슬을 몇 개 더 많이 가지고 있습니까?

- 효근이가 가지고 있는 구슬은 **45**개보다 **9**개가 적습니다.
- 동민이는 효근이보다 **8**개 더 많이 가지고 있습니다.
- 용희는 동민이보다 **5**개 적게 가지고 있습니다.

(   )개

22 다음과 같은 **6**장의 수 카드가 있습니다. 이 중에서 **2**장을 골랐을 때 합이 **32**보다 크게 되는 경우는 모두 몇 가지입니까?

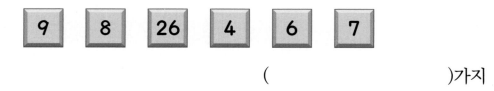

(   )가지

23 다음 식에서 △가 **9**일 때 ○는 얼마가 됩니까?

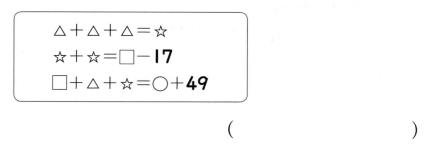

$$\triangle + \triangle + \triangle = ☆$$
$$☆ + ☆ = \square - 17$$
$$\square + \triangle + ☆ = ○ + 49$$

(   )

24 36명의 학생 중에서 빨간색을 좋아하는 학생은 **25**명, 파란색을 좋아하는 학생은 **18**명입니다. 빨간색과 파란색을 모두 좋아하지 않는 학생은 없을 때, 빨간색과 파란색을 모두 좋아하는 학생은 몇 명입니까?

(   )명

25 **1**부터 **9**까지의 숫자 중에서 서로 다른 **4**개의 숫자를 □ 안에 넣어 다음 식을 만들려고 합니다. 식은 모두 몇 개를 만들 수 있습니까? (단, **23＋54**와 **54＋23**은 같은 식으로 생각합니다.)

$$\square\square + \square\square = 60$$

(   )개

교과서 기본 과정

01 칫솔의 길이는 지우개의 길이로 몇 번입니까?

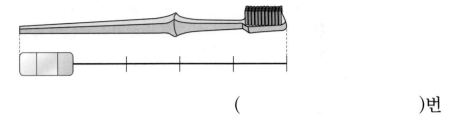

(   )번

02 못의 길이는 몇 cm입니까?

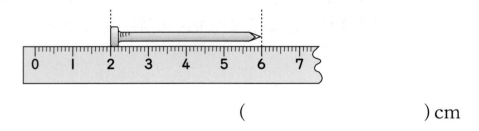

(   ) cm

03 붓의 길이를 각 단위길이로 재어 본 것입니다. 어느 단위길이로 재어 나타낸 수가 가장 큽니까? (   )

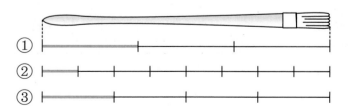

04 가영, 효근, 예슬이가 각자의 뼘으로 똑같은 책상의 긴 쪽의 길이를 재었더니 다음과 같았습니다. 한 뼘의 길이가 가장 긴 사람은 누구입니까? (   )

> 가영 : 12뼘, 효근 : 9뼘, 예슬 : 10뼘

① 가영   ② 효근   ③ 예슬

05 다음과 같이 나무 도막으로 연필의 길이를 재었습니다. 연필의 길이는 몇 cm입니까?

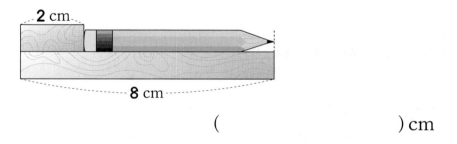

(   ) cm

06 그림에서 (가)의 길이가 6 cm라면, (나)의 길이는 몇 cm입니까?

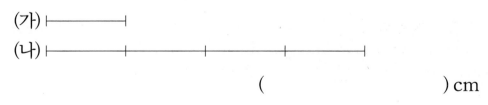

(   ) cm

07 높이가 **20** cm인 연필꽂이를 책상 위에 올려 놓고 바닥에서부터 연필꽂이까지의 높이를 재었더니 **75** cm였습니다. 책상의 높이는 몇 cm입니까?

(   ) cm

08 □ 안에 알맞은 수를 구하시오.

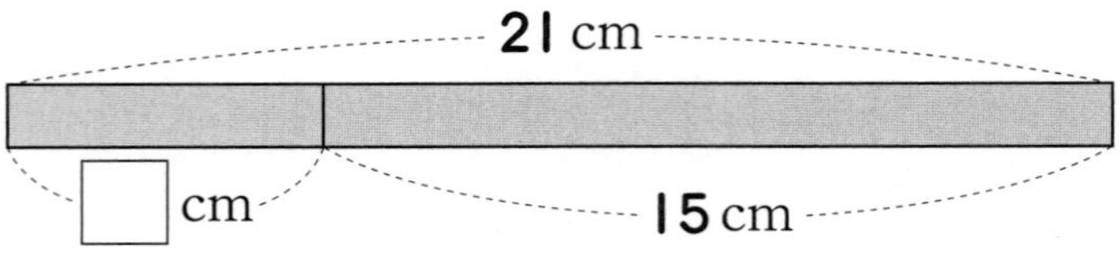

21 cm

□ cm 15 cm

(   )

09 못 **3**개의 길이는 클립 **8**개의 길이와 같습니다. 못 **9**개의 길이는 클립 몇 개의 길이와 같습니까?

(   )개

10 동화책의 가로의 길이는 **20** cm이고, 세로의 길이는 **30** cm입니다. 세로의 길이는 가로의 길이보다 몇 cm 더 깁니까?

(   ) cm

교과서 응용 과정

11 그림에서 가장 작은 사각형은 네 변의 길이가 모두 같은 사각형이고 한 변의 길이는 1 cm입니다. 굵은 선의 길이는 몇 cm입니까?

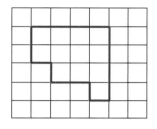

(   ) cm

12 석기의 한 뼘의 길이는 12 cm입니다. 책상의 가로의 길이가 석기의 5뼘과 같다면, 책상의 가로의 길이는 몇 cm입니까?

(   ) cm

13 지혜는 29 cm의 줄을 가지고 있고, 웅이는 48 cm의 줄을 가지고 있습니다. 웅이가 효근이에게 줄을 21 cm만큼 잘라 주었다면, 지혜의 줄은 웅이의 줄보다 몇 cm 더 깁니까?

(   ) cm

14 길이가 **5**cm인 지우개로 어떤 테이프의 길이를 재었습니다. 테이프의 길이가 지우개의 길이로 **4**번이었다면 테이프는 몇 cm입니까?

(   ) cm

15 ㉯ 테이프는 ㉮ 테이프보다 몇 cm 더 깁니까?

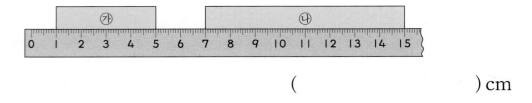

(   ) cm

16 다음은 종이 테이프, 연필, 못을 이용하여 막대의 길이를 잰 것입니다. 못 **1**개의 길이가 **4**cm일 때 막대의 길이는 몇 cm입니까?

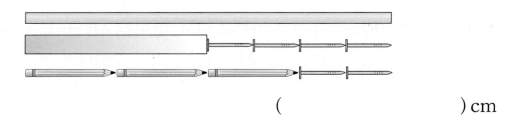

(   ) cm

17 한초의 한 뼘의 길이는 13 cm입니다. 동민이의 한 뼘은 한초보다 3 cm 짧고, 효근이의 한 뼘은 동민이보다 1 cm 깁니다. 효근이의 한 뼘의 길이는 몇 cm입니까?

(   ) cm

18 다음 그림에서 □ 안에 알맞은 수를 구하시오.

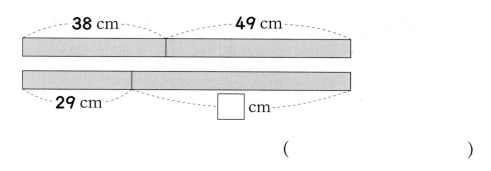

(   )

19 길이가 27 cm인 나무 막대 4개를 3 cm씩 겹치게 묶었습니다. 묶어 놓은 나무 막대의 전체의 길이는 몇 cm입니까?

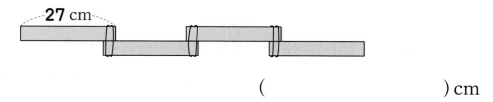

(   ) cm

20 길이가 **8** cm인 색 테이프 **4**장을 그림과 같이 겹치게 이었더니 전체의 길이가 **23** cm였습니다. 겹쳐진 부분 하나의 길이는 몇 cm입니까? (단, 겹쳐진 부분의 길이는 각각 같습니다.)

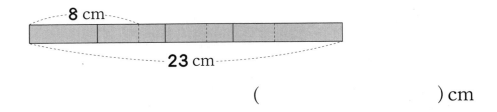

(   ) cm

교과서 심화 과정

21 다음은 네 변의 길이가 모두 같은 사각형 세 종류를 겹치지 않게 이어 붙인 것입니다. □ 안에 알맞은 수는 얼마입니까?

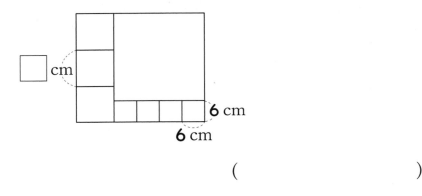

(   )

22 오른쪽 그림과 같이 네 변의 길이가 각각 **5** cm인 사각형이 **12**장 있습니다. 이 사각형을 모두 사용하여 둘레의 길이가 가장 긴 사각형과 둘레의 길이가 가장 짧은 사각형을 만들 때 두 사각형의 둘레의 길이의 차는 몇 cm입니까?

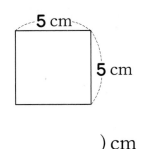

(   ) cm

23 오른쪽 그림은 네 변의 길이가 각각 **1** cm인 사각형 **6**개로 이루어진 도형입니다. 점 ㉠에서 출발하여 선을 따라 **5** cm를 움직여 ㉡까지 가는 방법은 몇 가지입니까?

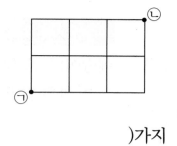

(   )가지

24 오른쪽 그림과 같이 변의 길이가 각각 **6** cm인 도형이 **7**개 있습니다. **7**개의 도형을 변끼리 이어 붙여 둘레의 길이가 가장 짧은 도형을 만들 때, 이 도형의 둘레의 길이는 몇 cm입니까?

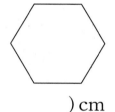

(   ) cm

25 길이가 **4** cm, **5** cm, **6** cm인 종이띠가 각각 한 개씩 있습니다. 세 개의 종이띠를 이용하여 잴 수 있는 길이는 모두 몇 가지입니까?

(   )가지

교과서 기본 과정

01 예슬이네 반 학생들이 가장 좋아하는 채소를 조사한 것입니다. 당근을 좋아하는 학생은 몇 명입니까?

배추	오이	당근	오이	배추	양파	고추
고추	무	고추	오이	무	배추	당근

( )명

02 유승이가 가지고 있는 물건을 조사한 것입니다. 같은 모양끼리 분류할 때 ◯ 모양은 몇 개입니까?

| 교과서 | 필통 | 풀 | 야구공 | 지우개 | 주사위 | 지구본 | 저금통 | 구슬 |

( )개

03 신영이네 반 학생들이 가장 좋아하는 과일을 조사한 것입니다. 좋아하는 과일은 몇 종류입니까?

수박	사과	참외	수박	사과	포도	참외
포도	사과	딸기	참외	사과	수박	딸기

( )종류

04 한별이네 모둠 학생들이 가지고 있는 블록 모양을 조사하였습니다. 가장 많은 블록은 어느 모양입니까? (   )

① ⬤   ② ⬛   ③ 🛢

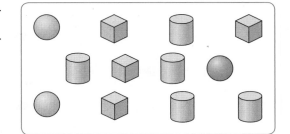

05 석기네 반 학생들이 가지고 있는 공을 조사하였습니다. 축구공은 야구공보다 몇 개 더 많습니까?

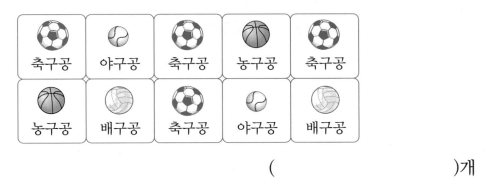

(   )개

06 예슬이네 반 학생들이 가장 좋아하는 음식을 조사한 것입니다. 좋아하는 음식을 분류할 때 ㉠에 알맞은 수는 얼마입니까?

음식	스파게티	치킨	햄버거	피자
학생 수(명)				㉠

(   )

07 석기네 반 학생들이 가장 좋아하는 꽃을 조사한 것입니다. 조사한 학생은 모두 몇 명입니까?

튤립	나팔꽃	장미	장미	해바라기	장미	튤립	국화
국화	해바라기	장미	나팔꽃	튤립	해바라기	장미	튤립

(   )명

08 위 **07**번에서 조사한 내용을 꽃의 종류에 따라 분류할 때 가장 많은 학생들이 좋아하는 꽃은 어느 것입니까? (   )

① 튤립   ② 나팔꽃   ③ 장미

④ 해바라기   ⑤ 국화

09 재민이네 반 학생들이 가장 좋아하는 간식을 조사한 것입니다. 라면을 좋아하는 학생은 떡볶이를 좋아하는 학생보다 몇 명 더 많습니까?

떡볶이	라면	과일	라면	과일	라면	떡볶이	과자	라면	과일

(   )명

10 동민이네 반 학생들이 가장 좋아하는 계절을 조사하였습니다. 가장 많은 학생이 좋아하는 계절부터 차례로 쓴 것은 어느 것입니까? (   )

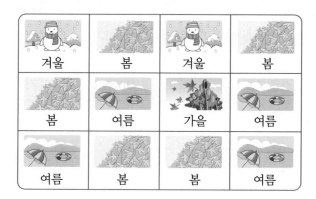

겨울	봄	겨울	봄
봄	여름	가을	여름
여름	봄	봄	여름

① 봄, 여름, 가을, 겨울

② 겨울, 가을, 여름, 봄

③ 봄, 여름, 겨울, 가을

④ 여름, 봄, 겨울, 가을

⑤ 봄, 겨울, 여름, 가을

교과서 응용 과정

11 신영이네 반 학생들이 여행을 갈 때 타고 싶어 하는 것을 조사한 것입니다. 학생들이 타고 싶어 하는 것은 모두 몇 가지입니까?

예슬	수희	민지	명수	한별	효근	지혜	상민
기차	비행기	자전거	비행기	기차	비행기	기차	비행기
진운	효민	재성	세정	성진	지연	재우	가영
비행기	배	비행기	배	자전거	비행기	배	기차

(   )가지

12 위 **11**번에서 비행기를 타고 싶어 하는 학생들의 수는 자전거를 타고 싶어 하는 학생들의 수보다 몇 명 더 많습니까?

(   )명

13 유승이네 반 학생들이 가장 좋아하는 동물을 분류하여 센 것입니다. 유승이네 반 학생이 **26**명이라면 사자를 좋아하는 학생은 몇 명입니까?

좋아하는 동물별 학생 수

동물	토끼	곰	사자	사슴
학생 수(명)	9	4		5

(   )명

14 다음은 어느 달의 날씨를 조사한 것입니다. 이 달의 화요일에는 흐린 날이 맑은 날보다 며칠 더 많습니까?

일	월	화	수	목	금	토
	1 ☀	2 ☁	3 ☁	4 ⛄	5 ⛄	6 ☁
7 ☀	8 ☁	9 ☂	10 ☂	11 ⛄	12 ☁	13 ☀
14 ☁	15 ☀	16 ☁	17 ☂	18 ☀	19 ☀	20 ☁
21 ⛄	22 ☁	23 ☂	24 ?	25 ☁	26 ☀	27 ☂
28 ⛄	29 ☁	30 ☀				

☀ 맑음   ☁ 흐림   ☂ 비   ⛄ 눈

(   )일

15 위 **14**번에서 조사한 것을 보고 다음과 같은 표를 만들었습니다. **24**일의 날씨는 어떠했습니까? (   )

날씨	맑음	흐림	비	눈	합계
날 수(일)	8	11	5	6	30

① 맑음   ② 흐림   ③ 비   ④ 눈

16 한솔이네 반 학생들이 가장 좋아하는 동물을 다리 수별로 분류해 본 후 활동하는 곳에 따라 분류하면 다음 표와 같습니다. 하늘에서 활동하는 동물은 몇 마리입니까?

다리 수별 동물 수

다리 수	없음	2개	4개
동물 수(마리)	3	12	9

활동하는 곳별 동물 수

활동하는 곳	땅	하늘
동물 수(마리)	17	

(   )마리

17 영철이네 반 학생 **24**명이 가장 좋아하는 꽃을 조사하였습니다. 튤립과 국화를 좋아하는 학생 수가 같을 때, 국화를 좋아하는 학생은 몇 명입니까?

좋아하는 꽃별 학생 수

꽃	튤립	장미	국화	해바라기
학생 수(명)		8		4

(   )명

18 신영이네 반 학생 **20**명이 가장 좋아하는 음식을 조사하였습니다. 햄버거를 좋아하는 학생이 김밥을 좋아하는 학생보다 **3**명이 많을 때, 햄버거를 좋아하는 학생은 몇 명입니까?

좋아하는 음식별 학생 수

음식	햄버거	피자	치킨	자장면	김밥
학생 수(명)		6	4	3	

(   )명

19 여러 가지 단추가 섞여 있습니다. 단추를 분류하여 정리하려고 합니다. 구멍이 **2**개이면서 네모 모양의 단추의 개수는 몇 개입니까?

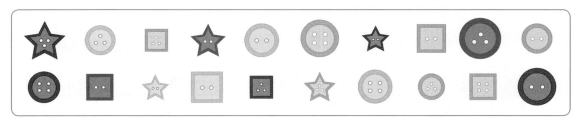

(   )개

20 다음은 한별이네 모둠 학생들의 얼굴을 나타낸 것입니다. 안경을 쓰지 않은 여학생은 안경을 쓴 남학생보다 몇 명이 더 많습니까?

(   )명

> 교과서 심화 과정

21 민철이네 반 학생들이 가지고 있는 카드의 수를 조사하였습니다. 카드를 15장보다 많이 가지고 있는 학생은 15장보다 적게 가지고 있는 학생보다 몇 명 더 많습니까?

11장	19장	18장	13장	4장	9장	21장	6장
14장	25장	32장	8장	29장	12장	27장	24장
23장	15장	17장	18장	9장	34장	36장	15장

(   )명

22 한솔이는 집에 있는 단추를 색깔별로 구분해 본 후 구멍 수에 따라 분류해 보았더니 구멍 수가 4개인 단추가 구멍 수가 2개인 단추보다 4개 더 많았습니다. ㉠에 알맞은 수는 얼마입니까?

색깔별 단추 수

색깔	노란색	파란색	빨간색
단추 수(개)	16	27	23

구멍 수별 단추 수

구멍 수	2개	3개	4개
단추 수(개)	㉠	14	

(   )

23 가영이네 반 학생 **20**명의 혈액형을 조사하였습니다. A형이 가장 많고 AB형이 가장 적습니다. B형은 O형보다 많다고 할 때 B형인 학생은 몇 명입니까?

혈액형별 학생 수

혈액형	A	B	O	AB
학생 수(명)	8			3

(   )명

24 상연이는 서랍에 있던 구슬 **24**개를 색깔별로 분류하였습니다. 구슬의 수가 가장 많은 구슬부터 차례대로 쓰면 빨간색 구슬, 파란색 구슬, 노란색 구슬입니다. 빨간색 구슬과 파란색 구슬, 파란색 구슬과 노란색 구슬의 개수의 차가 각각 **4**개씩이라고 할때, 빨간색 구슬은 몇 개입니까?

(   )개

25 수호, 지훈, 동형 세 사람이 놀이를 하여 **3**등을 한 사람은 |등에게는 |등이 가지고 있는 구슬의 개수만큼, **2**등에게는 **2**등이 가지고 있는 구슬의 개수의 절반만큼 주기로 하였습니다. 두 번째 놀이까지의 결과는 아래 표와 같습니다. 두 번째 놀이가 끝난 후 세 사람이 가지고 있는 구슬의 개수가 **24**개로 같았습니다. 첫 번째 놀이를 시작하기 전에 지훈가 가지고 있었던 구슬은 몇 개입니까?

	수호	지훈	동형
첫 번째	2등	3등	|등
두 번째	|등	3등	2등

(   )개

교과서 기본 과정

01 100이 **6**개, 10이 **8**개, 1이 **9**개인 수에서 십의 자리 숫자가 나타내는 값은 얼마입니까?

(   )

02 □ 안에 들어갈 수가 나머지 넷과 <u>다른</u> 것은 어느 것입니까? (   )

① 10이 **30**개이면 □입니다.
② **290**보다 **10** 큰 수는 □입니다.
③ **299**보다 **1** 큰 수는 □입니다.
④ **310**보다 **1** 작은 수는 □입니다.
⑤ **400**보다 **100** 작은 수는 □입니다.

03 사각형에 대한 설명으로 옳지 <u>않은</u> 것은 어느 것입니까? (   )

① □ 모양입니다.
② 변이 **4**개입니다.
③ 꼭짓점이 **4**개입니다.
④ 변의 길이는 모두 같지 않아도 됩니다.
⑤ 곧은 선 **3**개, 굽은 선 **1**개로 되어 있습니다.

04 칠교판에서 삼각형은 모두 몇 개입니까?

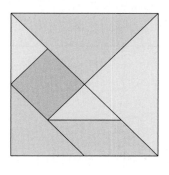

(   )개

05 □ 안에 알맞은 수를 구하시오.

> **72−6**은 **72**에서 **10**을 먼저 **뺀** 후에 □ 를(을) 더한 것과 같습니다.

(   )

06 다음 중 계산 결과가 가장 큰 것은 어느 것입니까? (   )

  ① **61−27**   ② **84−28**   ③ **38+33**
  ④ **27+48**   ⑤ **28+35**

07 단위길이로 재어 나타낸 수가 가장 작은 것부터 차례로 쓴 것은 어느 것입니까?

(   )

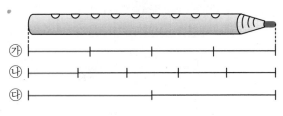

  ① ㉮, ㉯, ㉰   ② ㉮, ㉰, ㉯   ③ ㉯, ㉮, ㉰
  ④ ㉰, ㉯, ㉮   ⑤ ㉰, ㉮, ㉯

08 연필의 길이는 몇 cm입니까?

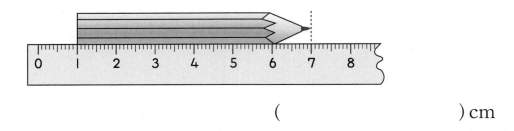

(   ) cm

09 다음은 가영이가 옷을 정리한 것입니다. 옷을 무엇에 따라 분류한 것입니까?

(   )

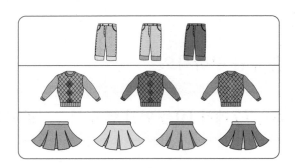

① 옷의 색깔   ② 옷의 종류   ③ 옷의 재질   ④ 옷의 크기

10 유승이네 반 학생들이 가장 좋아하는 간식을 조사한 것입니다. 가장 많은 학생들이 좋아하는 간식은 어느 것입니까? (   )

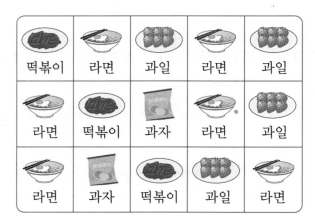

① 떡볶이   ② 라면   ③ 과일   ④ 과자

교과서 응용 과정

11 윤정이는 **3**장의 숫자 카드 7, 6, 4 로 세 자리 수 **764**를 만들었습니다. 희영이는 **3**장의 숫자 카드 1, 5, 8 로 윤정이가 만든 수보다 큰 세 자리 수를 만들려고 합니다. 만들 수 있는 세 자리 수는 모두 몇 개입니까?

(   )개

12 1부터 **9**까지의 숫자 중 □ 안에 들어갈 수 있는 숫자는 모두 몇 개입니까?

$$962 > 9\square2$$

(   )개

13 오른쪽과 같은 색종이를 점선을 따라 자르면 삼각형은 사각형보다 몇 개 더 많습니까?

(   )개

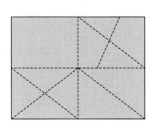

14 다음은 쌓기나무를 규칙적으로 쌓은 것입니다. (라)에는 쌓기나무 몇 개를 쌓아야 합니까?

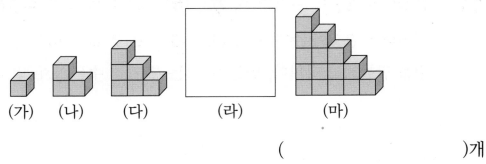

(가) (나) (다) (라) (마)

(   )개

15 다음에서 ○＋△는 얼마입니까?

$$
\begin{array}{r}
5\ \bigcirc \\
-\ \triangle\ 3 \\
\hline
3\ 6
\end{array}
$$

(   )

16 1부터 9까지의 수 중에서 □ 안에 공통으로 들어갈 수 있는 수는 무엇입니까?

$$58+\boxed{}<67 \qquad 39-\boxed{}<32$$

(   )

17 색 테이프 ㉮와 ㉯의 길이의 차는 몇 cm입니까?

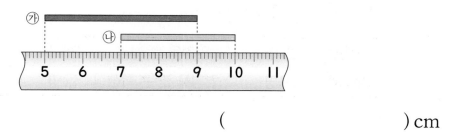

(   ) cm

18 길이가 13 cm인 색 테이프 5장을 다음과 같이 이어 붙이려고 합니다. 색 테이프를 2 cm씩 겹쳐서 붙일 때 이어 붙인 색 테이프의 전체 길이는 몇 cm입니까?

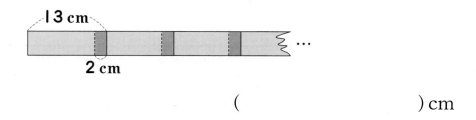

(   ) cm

19 상연이네 가족이 좋아하는 음식을 조사하여 분류하였습니다. ㉠과 ㉡에 알맞게 차례로 쓴 것은 어느 것입니까? (   )

할아버지	할머니	아빠	엄마
된장찌개	김치찌개	자장면	칼국수

형	누나	동생	상연
탕수육	피자	불고기	㉠

종류	한국 음식	중국 음식	이탈리아 음식
수(명)	㉡	2	2

① 불고기, 3   ② 탕수육, 4   ③ 스파게티, 3

④ 피자, 4   ⑤ 칼국수, 4

20 영철이네 학교 **2**학년 학생들을 세 개의 각각 다른 분류 기준으로 분류하였습니다. ㉠과 ㉡의 합을 구하시오.

남학생	33명
여학생	29명

안경을 쓴 학생	25명
안경을 안 쓴 학생	㉠명

숙제를 한 학생	58명
숙제를 안 한 학생	㉡명

(   )

교과서 심화 과정

21 버스 번호판의 ☐ 안에는 **0**부터 **9**까지의 숫자 중에서 같은 숫자가 들어갑니다. 행복운수 버스 번호가 셋째로 큰 번호라고 할 때 ☐ 안에 들어갈 숫자는 무엇입니까?

사랑운수	정의운수	공정운수	행복운수	기쁨운수
67☐	6☐1	68☐	6☐4	7☐1

(   )

22 다음과 같이 색종이 **1**장을 **2**번 접은 후, 선을 긋고 그 선을 따라 가위로 오렸습니다. 네모 모양 종이는 몇 장이 생깁니까?

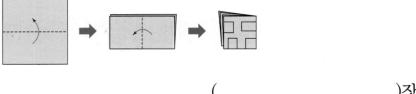

(   )장

23 다음 식에서 ■가 **14**일 때, ●는 얼마입니까?

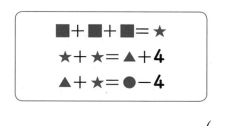

$$■+■+■=★$$
$$★+★=▲+4$$
$$▲+★=●-4$$

(   )

24 길이가 **7** cm인 종이 테이프를 **2** cm씩 겹치게 나란히 붙여서 길이가 **40** cm 보다 길고 **45** cm보다 짧게 만들려고 합니다. 종이 테이프를 몇 장 붙여야 합니까?

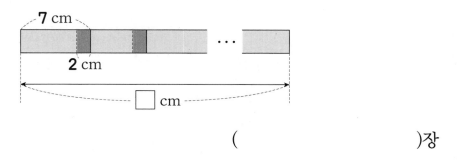

(   )장

25 유승이네 반 학생들이 가져온 색연필을 색깔에 따라 조사한 것입니다. 조건을 모두 만족하는 파란색 색연필의 수가 될 수 있는 수의 합은 얼마입니까?

> **조건**
> • 노란색 색연필은 초록색 색연필보다 **18**자루 많습니다.
> • 파란색 색연필은 노란색 색연필보다 많습니다.
> • 가장 많이 가져온 색연필은 빨간색 색연필입니다.

색깔	빨간색	노란색	파란색	초록색
색연필의 수(자루)	75			52

(   )

교과서 기본 과정

01 밑줄 친 숫자 **5**가 **50**을 나타내는 수는 모두 몇 개입니까?

> 5̲21   45̲7   18̲5   25̲9   5̲07   65̲2   36̲5

( )개

02 ㉠, ㉡, ㉢에 들어갈 숫자들의 합을 구하시오.

		백의 자리	십의 자리	일의 자리
486	➡	㉠	8	6
533	➡	5	㉡	3
708	➡	7	0	㉢

( )

03 색종이를 오려서 오른쪽과 같은 모양을 만들었습니다. 원은 삼각형보다 몇 개 더 많습니까?

( )개

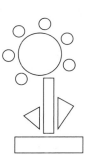

04 연아는 쌓기나무 몇 개를 가지고 있습니다. 오른쪽과 같은 모양을 쌓았더니 쌓기나무가 **3**개 남았습니다. 연아가 처음에 가지고 있었던 쌓기나무는 몇 개입니까?

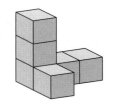

(   )개

05 뺄셈식에서 □ 안에 알맞은 수는 얼마입니까?

$$\square - 23 = 18$$

(   )

06 마주 보고 있는 두 수의 합이 같을 때 빈 곳에 알맞은 수를 구하시오.

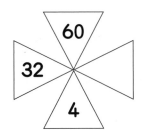

(   )

07 같은 간격으로 눈금을 매긴 선분이 있습니다. 주어진 단위길이의 **3**배가 되는 선분은 ①에서 몇 번 눈금까지의 길이와 같겠습니까? (   )

08 주어진 막대의 길이는 몇 cm입니까?

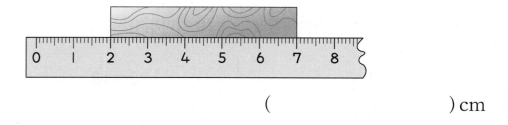

(   ) cm

09 운동 종목을 공을 사용하는 것과 공을 사용하지 않는 것으로 분류할 때 공을 사용하는 종목은 몇 종목입니까?

농구 마라톤 쇼트트랙 배구 피겨스케이팅 야구 멀리뛰기 수영

(   )종목

10 동민이네 반 학생들이 가장 좋아하는 음식을 조사한 것입니다. 가장 많은 학생들이 좋아하는 음식은 어느 것입니까? (   )

스파게티	치킨	햄버거	피자	스파게티
피자	햄버거	스파게티	피자	치킨
피자	치킨	피자	치킨	피자

① 스파게티　　　② 치킨　　　③ 햄버거　　　④ 피자

교과서 응용 과정

11 다음 설명에 알맞은 세 자리 수는 무엇입니까?

- 일의 자리 숫자는 8보다 큽니다.
- 십의 자리 숫자는 일의 자리 숫자보다 5 작습니다.
- 각 자리의 숫자를 모두 합하면 16이 됩니다.

(   )

12 백의 자리 숫자가 5, 일의 자리 숫자가 7인 세 자리 수 중에서 560보다 작은 수는 몇 개입니까?

(   )개

13 오른쪽 그림에서 찾을 수 있는 크고 작은 삼각형은 모두 몇 개 있습니까?

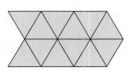

(   )개

14 다음은 쌓기나무를 규칙에 따라 쌓은 것입니다. (마)에는 쌓기나무를 몇 개 쌓아야 합니까?

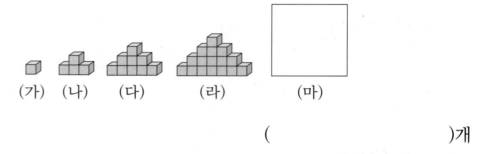

(   )개

15 5장의 숫자 카드 중에서 3장을 골라 두 자리 수와 한 자리 수의 덧셈식을 만들려고 합니다. 만든 덧셈식의 결과가 가장 클 때의 값은 얼마입니까?

(   )

16 가영이네 가게에 감자가 53상자 있었습니다. 그중 오전에 25상자를 팔았고, 오후에 18상자를 팔았습니다. 팔고 남은 감자는 몇 상자입니까?

(   )상자

17 오른쪽 그림에서 작은 사각형의 한 변의 길이는 **2** cm 이고 네 변의 길이는 모두 같습니다. 굵은 선의 길이는 몇 cm입니까?

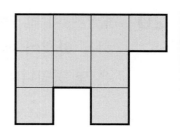

(   ) cm

18 **72** cm와 **35** cm짜리 나무 막대를 겹치게 연결하여 **98** cm짜리 막대로 만들었습니다. 겹쳐진 부분의 길이는 몇 cm입니까?

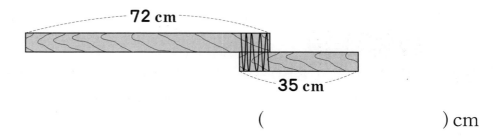

(   ) cm

19 신영이네 반 학생들이 입고 있는 옷의 단추를 조사하였습니다. 사각형이면서 구멍이 **2**개인 단추는 원이면서 구멍이 **2**개인 단추보다 몇 개 더 많습니까?

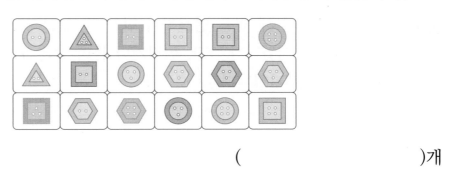

(   )개

20 승민이네 반 학생 **27**명이 가장 좋아하는 운동을 조사하였습니다. 축구를 좋아하는 학생이 야구를 좋아하는 학생보다 **3**명 더 많을 때, 야구를 좋아하는 학생은 몇 명입니까?

운동	축구	피구	야구	배드민턴
학생 수(명)		8		4

( )명

교과서 심화 과정

21 **282**보다 크고 **850**보다 작은 수들이 있습니다. 이 중에서 십의 자리 숫자와 일의 자리 숫자가 같은 수는 모두 몇 개입니까?

( )개

22 오른쪽 점판의 세 점을 연결하여 만들 수 있는 서로 다른 삼각형은 몇 개입니까? (단, 뒤집거나 돌려 같은 모양이 나오면 **1**개로 생각합니다.)

( )개

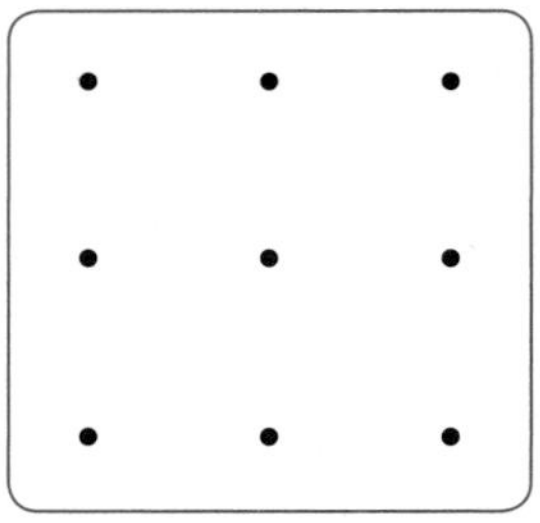

23 다음 덧셈식들은 어떤 규칙에 따라 차례로 늘어놓은 것입니다. 가에 알맞은 수는 얼마입니까?

$$10 + 12 = 22$$
$$12 + 14 = 26$$
$$14 + 16 = 30$$
$$16 + 18 = 34$$
$$18 + (\quad) = (\quad)$$
$$(\quad) + (\quad) = (\quad)$$
$$(\quad) + (\quad) = (가)$$

(   )

24 유승이의 한 뼘의 길이는 12 cm, 근희의 한 뼘의 길이는 15 cm입니다. 같은 막대의 길이를 재는데 유승이의 뼘으로 10뼘이었습니다. 이 막대의 길이는 근희의 뼘으로 몇 뼘입니까?

(   )뼘

25 50명의 학생들에게 김밥, 떡볶이, 돈가스, 치킨 중 좋아하는 음식을 두 개씩 고르라고 하였습니다. 다음 표에서 그 결과의 일부가 지워졌고 김밥을 고른 학생은 27명, 떡볶이를 고른 학생은 23명일 때 돈가스를 고른 학생은 치킨을 고른 학생보다 몇 명 더 많습니까?

김밥, 떡볶이	김밥, 돈가스	김밥, 치킨	떡볶이, 돈가스	떡볶이, 치킨	돈가스, 치킨
8명	12명	7명	6명		

(   )명

01 다음 중 숫자 **3**이 나타내는 값이 가장 큰 수는 어느 것입니까? (   )

① **831**　　　　② **953**　　　　③ **370**

④ **132**　　　　⑤ **563**

02 ㉠, ㉡, ㉢, ㉣에 들어갈 숫자들의 합을 구하시오.

		백의 자리	십의 자리	일의 자리
356	➡	㉠	5	6
408	➡	4	㉡	8
562	➡	5	6	㉢
650	➡	6	㉣	0

(   )

03 다음 그림에서 원은 삼각형보다 몇 개 더 많습니까?

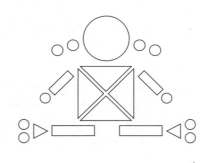

(   )개

04 다음 중에서 쌓기나무의 개수가 <u>다른</u> 것은 어느 것입니까? (   )

①

②

③

④

⑤

05 다음은 62+17의 계산 방법을 나타낸 것입니다. □ 안에 알맞은 수는 무엇입니까?

$$62+17=60+\boxed{}+2+7$$

(   )

06 오른쪽 덧셈식에서 ㉠, ㉡에 알맞은 숫자를 찾아 ㉠+㉡의 값을 구하시오.

(   )

```
    ㉠  3
+   4  ㉡
─────────
 1  1  2
```

07 과자의 길이를 잘못 표현한 것은 어느 것입니까? (   )

① 과자는 **6** cm보다 깁니다.

② 과자는 약 **6** cm입니다.

③ 과자는 **7** cm보다 짧습니다.

④ 과자는 **7** cm보다 깁니다.

⑤ 과자의 오른쪽 끝이 **6** cm 눈금에 가깝습니다.

08 그림에서 볼펜의 길이가 **18** cm일 때 못과 연필의 길이의 차는 몇 cm입니까?

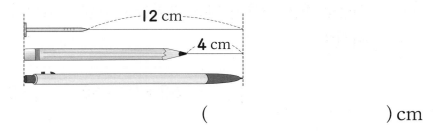

(   ) cm

09 가영이네 반 학생들의 장래 희망을 조사한 것입니다. 장래 희망이 의사인 학생은 장래 희망이 가수인 학생보다 몇 명 더 많습니까?

선생님	의사	선생님	가수	소방관	가수	경찰관	의사
의사	소방관	의사	선생님	경찰관	선생님	의사	경찰관

(   )명

10 상연이네 반 학생들이 가지고 있는 공을 조사한 것입니다. 바르게 설명한 것은 어느 것입니까? (   )

상연	병훈	가영	우현	보연	석기
축구공	야구공	축구공	농구공	농구공	배구공
웅이	지혜	예슬	지석	미정	상민
배구공	농구공	야구공	농구공	야구공	배구공

① 농구공은 **5**명이 가지고 있습니다.
② 배구공과 야구공을 가지고 있는 학생 수는 같습니다.
③ **2**명만 가지고 있는 공은 야구공입니다.

교과서 응용 과정

11 □ 안에 알맞은 수를 구하시오.

$$591은 \begin{cases} 100이 \ \square \ 개 \\ 10이 18개 \\ 1이 11개 \end{cases}$$

(   )

12 주어진 숫자 카드 중에서 **3**장을 뽑아 세 자리 수를 만들려고 합니다. 만들 수 있는 세 자리 수는 모두 몇 개입니까?

| 4 | 0 | 7 | 3 |

(   )개

13 오른쪽 도형에서 찾을 수 있는 크고 작은 삼각형은 모두 몇 개입니까?

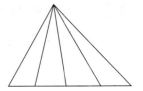

(   )개

14 다음과 같이 규칙적으로 도형을 늘어놓았습니다. **27**째 번에 오는 도형의 이름은 무엇입니까? (   )

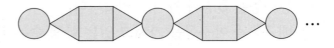

① 원   ② 삼각형   ③ 사각형

15 재인이는 **35**에서 어떤 수를 빼야 할 것을 잘못하여 더했더니 **52**가 되었습니다. 바르게 계산하면 얼마입니까?

(   )

16 다음을 계산한 값은 얼마입니까?

$$50-49+48-47+46-45+44-43+42-41+40$$

(   )

17 색 테이프 ㉮와 ㉯의 길이의 차는 몇 cm입니까?

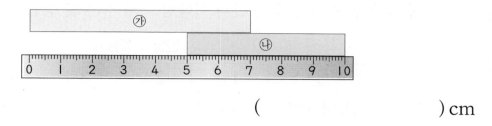

(   ) cm

18 길이가 **15** cm인 색 테이프 **5**장을 각각 겹치는 부분이 **2** cm가 되도록 한 줄로 이어 붙였습니다. 이어 붙인 색 테이프의 전체 길이는 몇 cm입니까?

(   ) cm

19 여러 가지 단추가 섞여 있습니다. 단추를 분류하여 정리하려고 합니다. 구멍이 **3**개이면서 네모 모양과 구멍이 **2**개이면서 별 모양을 빨간색 주머니에 넣으려고 합니다. 빨간색 주머니에 넣을 수 있는 단추는 모두 몇 개입니까?

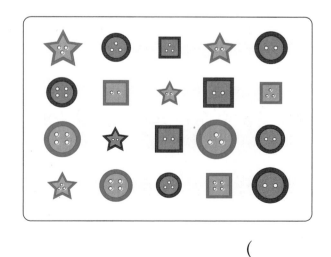

(   )개

20 용희네 학교 2학년 반별 여학생 수를 조사하여 나타낸 표입니다. 여학생이 가장 많은 반과 가장 적은 반의 여학생 수의 차는 몇 명입니까?

반별 여학생 수

반	1반	2반	3반	4반	합계
여학생 수(명)	14		12	10	45

(   )명

교과서 심화 과정

21 다음은 한초네 모둠 학생들이 가지고 있는 딱지의 수를 나타낸 표입니다. 딱지를 가장 많이 가지고 있는 학생은 상연이고 그 다음은 한별, 영수, 한초, 웅이 순서대로 딱지를 많이 가지고 있습니다. 한초가 가지고 있는 딱지는 몇 개입니까?

학생	영수	한초	한별	상연	웅이
딱지 수(개)	5□5	5□9	59□	593	576

(   )개

22 오른쪽 그림에서 찾을 수 있는 크고 작은 삼각형은 모두 몇 개입니까?

(   )개

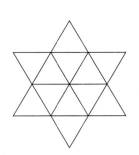

23 철민, 혁수, 진영 세 어린이가 각각 구슬 **40**개씩을 가지고 놀이를 하였습니다. 꼴찌를 하는 어린이는 다른 두 어린이에게 자기가 가진 구슬 모두를 똑같이 나누어 주기로 하였습니다. 놀이를 모두 세 번을 하여 첫 번째에는 철민, 두 번째에는 혁수, 세 번째에는 진영이가 꼴찌를 하였습니다. 놀이를 끝마쳤을 때, 철민이가 가지고 있는 구슬은 몇 개입니까?

(   )개

24 오른쪽 그림에서 가장 작은 사각형의 네 변의 길이는 모두 **3** cm로 같습니다. 그림 속의 색 띠는 세 번 접은 모양입니다. 펼쳤을 때, 색 띠의 길이는 몇 cm입니까?

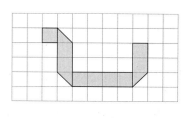

(   ) cm

25 석기네 반 학생들이 좋아하는 동물을 조사한 표인데 일부가 찢어져 보이지 않습니다. 고양이를 좋아하는 학생이 햄스터를 좋아하는 학생보다 **2**명이 더 많을 때 강아지를 좋아하는 학생은 고양이를 좋아하는 학생보다 몇 명 더 많습니까?

이름	동물	이름	동물	이름	동물
한별	강아지	동민	강아지	웅이	강아지
예슬	햄스터	효근	고양이	유경	강아지
가영	고양이	영수	토끼	혜은	고양이
지혜	토끼	신영	원숭이	다음	강아지
석기	강아지	용희	햄스터	원희	
한초	토끼	한솔	강아지	규형	

좋아하는 동물별 학생 수

동물	토끼	고양이	햄스터	강아지	원숭이	합계
학생 수(명)	4					

(   )명

교과서 기본 과정

01 다음 중 가장 큰 수는 어느 것입니까? (   )

① 10이 50개인 수   ② 470보다 30 큰 수

③ 502보다 1 작은 수   ④ 490보다 9 큰 수

⑤ 499보다 1 큰 수

02 다음과 같은 숫자 카드로 만들 수 있는 세 자리 수는 모두 몇 개입니까?

| 4 | 0 | 9 |

(   )개

03 다음 중 변의 개수가 가장 많은 도형은 어느 것입니까? (   )

①   ②   ③

④   ⑤

04 그림에서 선을 따라 오렸을 때 삼각형의 개수는 사각형의 개수보다 몇 개 더 많습니까?

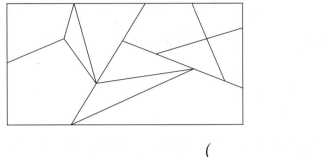

(   )개

05 숫자 카드 7 , 8 , 5 가 있습니다. 두 장을 뽑아 만든 두 자리 수와 나머지 한 장의 수의 합이 가장 크게 되도록 했을 때 합은 얼마입니까?

(   )

06 다음은 $39+56$을 계산하는 과정입니다. ⓒ에 알맞은 수는 무엇입니까?

$$39+56=39+㉠+6=ⓒ+6=95$$

(   )

07 다음 길이는 주어진 단위길이로 몇 번입니까?

(   )번

08 길이가 **18** cm인 색연필의 길이를 친구들이 어림한 것입니다. 누가 실제 길이에 가장 가깝게 어림했습니까? (   )

예슬	한초	신영	상연
약 **15** cm	약 **20** cm	약 **16** cm	약 **19** cm

① 예슬   ② 한초   ③ 신영   ④ 상연

09 생활 주변에서 찾을 수 있는 물건입니다. 삼각형 모양인 물건은 모두 몇 개입니까?

동전   칠판   옷걸이   트라이앵글   액자

바퀴   단추   표지판   시계

(   )개

10 효근이 반 학생들이 가지고 있는 공을 조사하였습니다. 가장 많은 학생들이 가지고 있는 공은 어느 것입니까? (   )

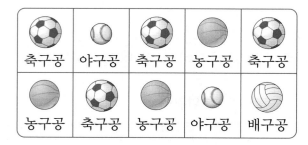

축구공	야구공	축구공	농구공	축구공
농구공	축구공	농구공	야구공	배구공

① 축구공   ② 야구공   ③ 농구공   ④ 배구공

교과서 응용 과정

11 뛰어 세는 규칙을 찾아 ㉮에 알맞은 수를 구하시오.

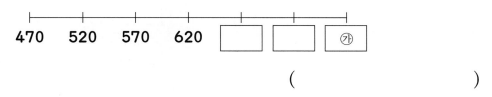

470   520   570   620

(   )

12 3장의 숫자 카드 0 , 5 , 8 을 모두 사용하여 세 자리 수를 만들려고 합니다. 만들 수 있는 수 중에서 세 번째로 작은 수는 얼마입니까?

(   )

13 다음 그림에서 찾을 수 있는 크고 작은 삼각형은 모두 몇 개입니까?

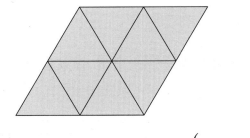

(   )개

14 다음 모양에는 쌓기나무가 몇 개 있습니까?

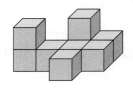

(   )개

15 수 모형이 나타내는 두 수의 합을 ㉠이라 하고, 두 수의 차를 ㉡이라 할 때, ㉠－㉡의 값을 구하시오.

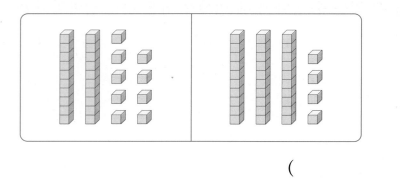

(   )

16 다음에서 합이 **62**가 되는 두 수를 골랐습니다. 골라낸 두 수 중에서 작은 수는 무엇입니까?

31, 47, 44, 20, 18, 32

(   )

17 그림과 같이 자를 사용하여 나무 막대의 길이를 재었습니다. 나무 막대의 길이는 몇 cm입니까?

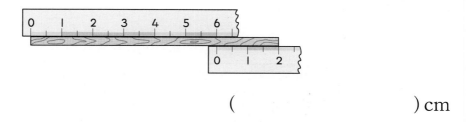

(   ) cm

18 4장의 색 테이프를 2장씩 연결하여 같은 길이를 만들었습니다. ㉠ 색 테이프의 길이는 몇 cm입니까?

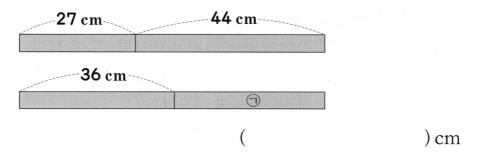

(   ) cm

19 유승이네 학교 학생들이 좋아하는 꽃을 조사하여 나타낸 표입니다. 장미를 좋아하는 학생은 국화를 좋아하는 학생보다 몇 명 더 많습니까?

좋아하는 꽃별 학생 수

꽃	장미	튤립	백합	국화	합계
학생 수(명)	24	16	19		79

(   )명

20 석기네 반 학생들이 좋아하는 과목을 조사하여 나타낸 표입니다. 체육을 좋아하는 학생이 국어를 좋아하는 학생보다 **3**명 더 많을 때, 체육을 좋아하는 학생은 몇 명입니까?

좋아하는 과목별 학생 수

과목	수학	미술	체육	국어	합계
학생 수(명)	7	5			25

( )명

[교과서 심화 과정]

21 가영이는 세 자리 수를 만들려고 합니다. 백의 자리 숫자는 십의 자리 숫자보다 **1** 크고 십의 자리 숫자는 일의 자리 숫자보다 **1** 크도록 할 때, 가영이가 만들 수 있는 세 자리 수는 모두 몇 개입니까?

( )개

22 그림에서 찾을 수 있는 크고 작은 삼각형은 모두 몇 개입니까?

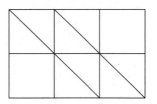

( )개

23 다음 중에서 세 수를 골라 합이 **83**이 되는 덧셈식을 만들려고 합니다. 세 수 중 가장 큰 수는 무엇입니까?

> 25, 26, 29, 30, 32, 35

(   )

24 다음에서 못의 길이는 몇 cm입니까?

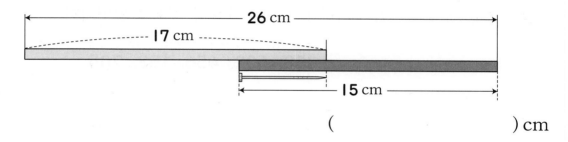

(   ) cm

25 주연이는 가지고 있는 단추 **40**개를 구멍의 개수에 따라 분류하였습니다. 가장 많은 단추부터 차례대로 쓰면 구멍이 **3**개인 단추, 구멍이 **4**개인 단추, 구멍이 **2**개인 단추, 구멍이 **6**개인 단추였습니다. 구멍이 **3**개인 단추는 구멍이 **2**개인 단추보다 **8**개가 많고, 구멍이 **4**개인 단추는 구멍이 **6**개인 단추보다 **4**개가 많았습니다. 구멍이 **4**개인 단추는 모두 몇 개입니까?

(   )개

교과서 기본 과정

01 다음에서 설명하고 있는 세 자리 수는 무엇입니까?

> • 백의 자리 숫자는 일의 자리 숫자보다 **1** 큽니다.
> • 십의 자리 숫자는 **5**입니다.
> • **200**보다 크고 **300**보다 작은 수입니다.

(   )

02 다음에서 숫자 **5**가 나타내는 값이 가장 큰 것은 무엇입니까?

> **958, 502, 456, 153, 705**

(   )

03 다음 주어진 도형에 대한 설명으로 옳지 <u>않은</u> 것은 어느 것입니까? (   )

① 나는 꼭짓점이 **4**개입니다.
② 다는 변의 개수가 **5**개입니다.
③ 가와 라의 변의 개수를 합하면 **9**개입니다.
④ 다는 가보다 꼭짓점이 **2**개 더 많습니다.
⑤ 라의 변의 개수와 나의 꼭짓점의 개수가 같습니다.

04 여러 가지 색종이를 오른쪽 그림과 같이 겹쳐 놓은 후 색종이를 놓은 모양을 그렸습니다. 바르게 그린 것은 어느 것입니까? (   )

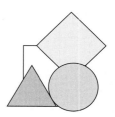

①   ②   ③

④   ⑤

05 □ 안에 알맞은 수는 얼마입니까? (단, □는 모두 같은 수입니다.)

$$2\square + \square + \square + \square = 36$$

(   )

06 뺄셈식을 보고 덧셈식을 **2**개 만들었습니다. ●에 알맞은 수는 무엇입니까?

$$65 - 26 = 39 \begin{cases} \blacktriangle + \blacksquare = \bullet \\ \blacksquare + \blacktriangle = \bullet \end{cases}$$

(   )

07 크레파스의 길이는 몇 cm입니까?

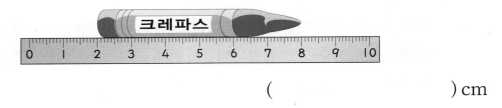

(   ) cm

08 가장 작은 사각형의 한 변의 길이가 2 cm입니다. ㉠에서 ㉡까지 이어진 굵은 선의 길이는 몇 cm입니까?

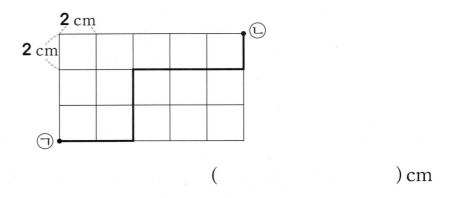

(   ) cm

09 다음 도형에서 사각형의 개수는 원의 개수보다 몇 개 더 많습니까?

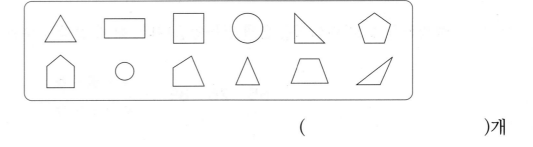

(   )개

10 영철이네 반 학생들이 가장 좋아하는 꽃을 조사하여 나타낸 것입니다. 가장 많은 학생들이 좋아하는 꽃은 무엇입니까? (   )

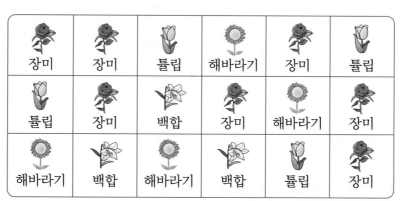

① 장미   ② 해바라기   ③ 튤립   ④ 백합

교과서 응용 과정

11 □ 안에 들어갈 수 있는 숫자 중에서 가장 큰 숫자는 무엇입니까?

$$752 > 7\boxed{}6$$

(   )

12 다음과 같이 숫자 카드가 **3**장 있습니다. 이 숫자 카드로 만들 수 있는 세 자리 수 중 세 번째로 작은 수는 무엇입니까?

(   )

13 그림에서 찾을 수 있는 크고 작은 사각형은 모두 몇 개 있습니까?

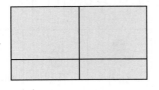

(   )개

14 다음과 같은 방법으로 성냥개비 **10**개로 사각형을 **3**개 만들었습니다. 이와 같은 방법으로 성냥개비 **43**개로는 사각형을 몇 개 만들 수 있습니까?

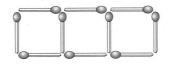

(   )개

15 빈칸에 알맞은 수를 구하시오.

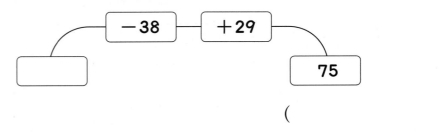

(   )

16 다음 세 수 중 가장 큰 수에서 가장 작은 수를 빼고, 그 차에 남은 수를 더하면 얼마입니까?

| 45, 28, 36 |

(   )

17 한 개의 길이가 **5** cm인 성냥개비를 사용하여 다음과 같은 삼각형과 사각형을 만들었습니다. 사각형의 네 변의 길이의 합은 삼각형의 세 변의 길이의 합보다 몇 cm 더 깁니까?

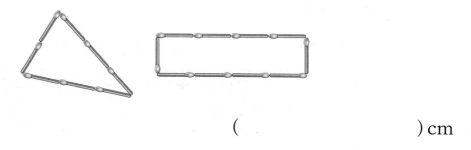

(   ) cm

18 유승이는 길이가 **20** cm인 색 테이프 **4**장을 **4** cm씩 겹치게 이었습니다. 예슬 이는 길이가 **15** cm인 색 테이프 **4**장을 **2** cm씩 겹치게 이었습니다. 이어 붙 인 색 테이프의 길이는 유승이가 예슬이보다 몇 cm 더 깁니까?

(   ) cm

19 다음은 마트에서 구입할 물건들입니다. 구입할 물건이 가장 많은 층은 몇 층인 지 구하시오.

층	코너
3층	운동용품
2층	문구, 생활용품
1층	채소, 과일, 생선

(   )층

20 주영이네 반 학생 **30**명이 좋아하는 간식을 조사하였습니다. 햄버거를 좋아하는 학생이 가장 많고, 과일을 좋아하는 학생이 가장 적었습니다. 피자를 좋아하는 학생이 떡볶이를 좋아하는 학생보다 많다고 할 때, 피자를 좋아하는 학생은 몇 명입니까?

좋아하는 간식별 학생 수

간식	햄버거	피자	떡볶이	과일	합계
학생 수(명)	12			5	30

(   )명

교과서 심화 과정

21 **100**부터 **200**까지의 수를 차례로 쓸 때, 숫자 **1**은 모두 몇 번을 쓰게 됩니까?

(   )번

22 원 위에 같은 간격으로 **5**개의 점이 있습니다. 이 중 **3**개의 점을 이용하여 그릴 수 있는 삼각형은 모두 몇 개입니까?

(   )개

23 △가 **8**일 때, □를 구하시오.

$$\triangle + \triangle + \triangle + \triangle = \circledcirc$$
$$\triangle + \triangle + \circledcirc = \star$$
$$\star - \square + \circledcirc = 51$$

(   )

24 그림과 같은 막대 가, 나, 다가 있습니다. ㉠은 ㉡보다 **5** cm 더 길다고 합니다. 막대 **3**개의 길이의 합이 **62** cm일 때 가장 긴 막대의 길이는 몇 cm입니까?

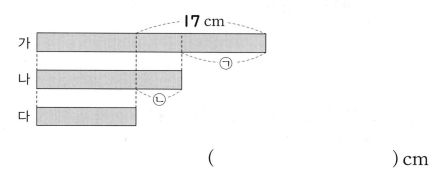

(   ) cm

25 재민이는 집에 있는 단추를 모양별로 분류해 본 후 다시 구멍 수에 따라 분류하였습니다. 구멍이 **4**개인 단추가 구멍이 **2**개인 단추보다 **8**개 더 많을 때 구멍이 **4**개인 단추는 몇 개입니까?

모양별 단추 수

모양	원	삼각형	사각형
단추 수(개)	11	18	14

구멍 수별 단추 수

구멍 수	2개	3개	4개
단추 수(개)		13	

(   )개

교과서 기본 과정

01 다음은 규칙에 따라 수를 늘어놓은 것입니다. 빈 곳에 알맞은 수는 무엇입니까?

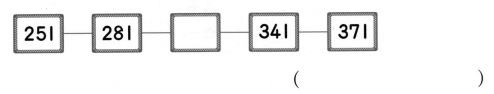

( )

02 두 수의 크기를 잘못 비교한 것은 어느 것입니까? ( )

① 379 < 384   ② 435 > 428   ③ 690 < 695
④ 815 < 851   ⑤ 917 > 971

03 오른쪽 도형에 대한 설명입니다. ㉠과 ㉡에 알맞은 수의 합은 얼마입니까?

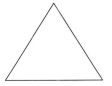

> ㉠ 개의 곧은 선으로 둘러싸여 있으며
> ㉡ 개의 꼭짓점이 있습니다.

( )

04 진영이는 쌓기나무 몇 개를 가지고 오른쪽과 같은 모양을 쌓았더니 쌓기나무가 **6**개 남았습니다. 진영이가 처음에 가지고 있던 쌓기나무는 몇 개입니까?

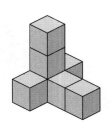

( )개

05 ㉮와 ㉯의 □ 안에 알맞은 숫자를 모두 찾아 합을 구하면 얼마입니까?

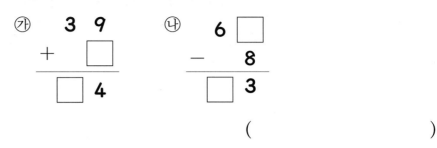

(   )

06 다음 식에서 □ 안에 들어갈 수 있는 가장 큰 수는 얼마입니까?

$$52 - \square > 27$$

(   )

07 다음은 책상 긴 쪽의 길이를 뼘으로 재어 나타낸 것입니다. 한 뼘의 길이가 가장 긴 사람은 누구입니까? (   )

한별	지혜	영수	효근	석기
5뼘	6뼘	7뼘	8뼘	9뼘

① 한별   ② 지혜   ③ 영수
④ 효근   ⑤ 석기

08 막대의 길이는 몇 cm입니까?

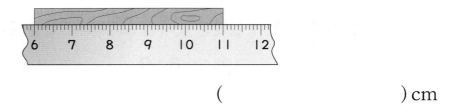

(   ) cm

09 지수네 반 학생들이 가장 좋아하는 계절을 조사하였습니다. 가장 많은 학생들이 좋아하는 계절부터 차례로 쓴 것은 어느 것입니까? (   )

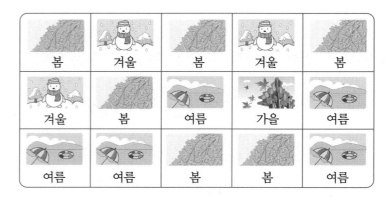

① 봄, 여름, 가을, 겨울   ② 겨울, 가을, 여름, 봄   ③ 봄, 여름, 겨울, 가을
④ 여름, 봄, 겨울, 가을   ⑤ 봄, 겨울, 여름, 가을

10 영수네 반 학생 **24**명이 좋아하는 운동을 조사하였습니다. 농구를 좋아하는 학생은 몇 명입니까?

운동	축구	배구	농구	야구	합계
학생 수(명)	8	2		5	24

(   )명

교과서 응용 과정

11 모형 돈으로 100원짜리 동전이 6개, 10원짜리 동전이 23개, 1원짜리 동전이 32개 있습니다. 모형 돈은 모두 얼마입니까?

(   )원

12 세 자리 수 ㉠㉡㉢이 있습니다. 각 자리의 숫자가 다음과 같을 때, 이 세 자리 수는 얼마입니까?

> • 세 자리 수 ㉠㉡㉢은 150보다 작은 수입니다.
> • 백의 자리 숫자 ㉠과 일의 자리 숫자 ㉢은 같습니다.
> • 십의 자리 숫자 ㉡은 ㉠보다 3 큰 수입니다.

(   )

13 다음은 쌓기나무 4개를 이용하여 만든 모양입니다. 같은 모양을 찾아 그 기호를 알맞게 짝지은 것은 어느 것입니까? (   )

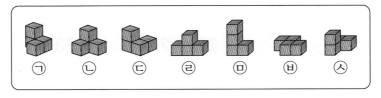

㉠   ㉡   ㉢   ㉣   ㉤   ㉥   ㉦

① ㉡－㉣   ② ㉢－㉥   ③ ㉡－㉦

④ ㉠－㉦   ⑤ ㉠－㉢

14 그림에서 찾을 수 있는 크고 작은 사각형은 모두 몇 개입니까?

(   )개

15 숫자 카드 6 , 4 , 7 이 있습니다. 이 카드를 한 번씩만 사용하여 다음과 같은 식을 만들었습니다. 이때, 그 계산 결과가 가장 작은 값은 얼마입니까?

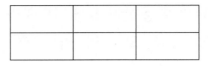

(   )

16 □ 안에 들어갈 수 있는 수는 무엇입니까?

$$21 < 76 - \square < 23$$

(   )

17 주어진 그림에서 연필의 길이는 13 cm입니다. 못과 볼펜의 길이의 합은 몇 cm입니까?

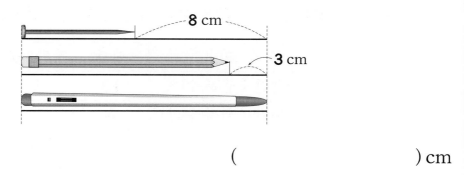

(   ) cm

18 길이가 12 cm인 색 테이프 4장을 그림과 같이 겹쳐 이었더니 전체의 길이가 39 cm였습니다. 겹쳐진 부분 하나의 길이는 몇 cm입니까? (단, 겹쳐진 부분의 길이는 각각 같습니다.)

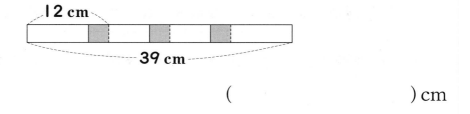

(   ) cm

19 일정한 규칙으로 도형을 늘어놓았습니다. 20번째까지 늘어놓은 도형을 모양에 따라 분류하여 세었을 때 원은 몇 개입니까?

(   )개

20 유승이는 집에 있는 블록을 모양별로 분류한 후 색깔별로 다시 분류하였습니다. 빨간색 블록이 파란색 블록보다 **4**개 더 많고, 파란색 둥근기둥 모양이 파란색 공모양보다 **2**개 더 많을 때 ㉠에 알맞은 수는 얼마입니까?

모양	상자	둥근기둥	공
빨간색 블록 수(개)	13	9	12
파란색 블록 수(개)	4	㉠	

( )

[교과서 심화 과정]

21 네 장의 서로 다른 숫자 카드 ★, ●, ▲, ■가 있습니다. 이 중에서 세 장의 숫자 카드로 만들 수 있는 수의 크기를 비교하였더니 다음과 같았습니다. ★, ●, ▲, ■로 만들 수 있는 가장 큰 세 자리 수는 무엇입니까? ( )

㉠ ■●★ > ●■★ ㉡ ●■★ > ●★■ ㉢ ●▲■ > ●■▲ ㉣ ▲■● > ▲■★

① ●■★   ② ■●★   ③ ▲■●   ④ ▲●★   ⑤ ●★▲

22 수홍이는 그림과 같이 색종이를 오른쪽으로 **1**장씩 겹치지 않게 붙여서 큰 사각형을 만들었습니다. 수홍이가 만든 큰 사각형에서 찾을 수 있는 크고 작은 사각형이 모두 **78**개라면, 수홍이가 붙인 색종이는 모두 몇 장입니까?

( )장

23 같은 모양은 같은 수를 나타낼 때, ♥가 나타내는 수는 얼마인지 구하시오.

> - ♣ + ◆ = **72**
> - ♥ + ♣ = **56**
> - ◆ + ♥ = **70**

( )

24 다음과 같이 네 변의 길이가 모두 **1** cm인 사각형 **4**개가 있습니다. 변을 따라 ㉠에서 출발하여 ㉡까지 갈 때, **7** cm를 움직여 ㉡에 도착하는 방법은 모두 몇 가지입니까?

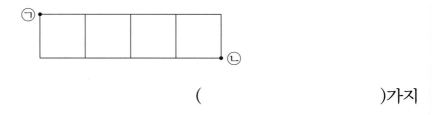

( )가지

25 현서와 유림이는 구슬 **100**개를 나누어 가진 후 가위바위보 놀이를 하였습니다. 가위바위보에서 진 사람이 이긴 사람에게 구슬 **6**개를 주기로 하였습니다. 가위바위보 결과가 다음과 같고 놀이가 끝난 후에 현서는 구슬 **33**개, 유림이는 구슬 **67**개를 가지게 되었습니다. 처음에 현서가 가지고 있던 구슬은 몇 개입니까?

	현서	유림
첫 번째 판	가위	바위
두 번째 판	가위	바위
세 번째 판	보	가위
네 번째 판	바위	가위

( )개

Memo

KMA

Korean Mathematics Ability Evaluation

한국수학학력평가

상반기 대비

정답과 풀이

초 2학년

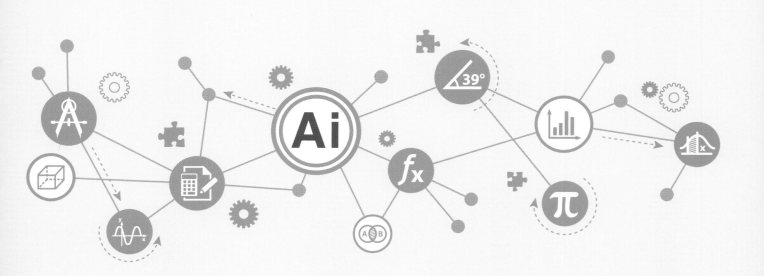

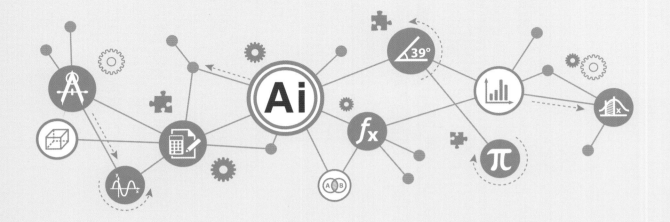

KMA
Korean Mathematics Ability Evaluation

한국수학학력평가

상반기 대비

정답과 풀이

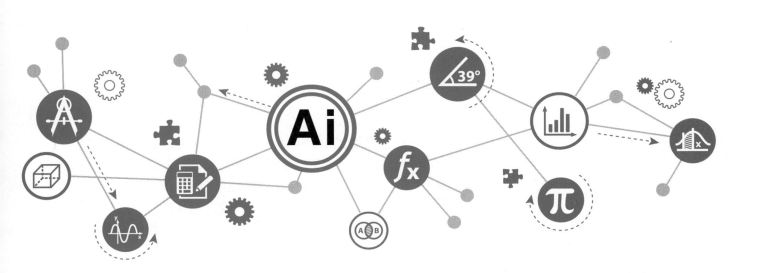

KMA 정답과 풀이

KMA 단원 평가

① 세 자리 수
8~15쪽

01	607	**02**	853	**03**	300
04	①	**05**	500	**06**	46
07	473	**08**	②	**09**	50
10	②	**11**	170	**12**	5
13	4	**14**	102	**15**	306
16	4	**17**	850	**18**	971
19	12	**20**	589	**21**	109
22	48	**23**	6	**24**	5
25	645				

01 100이 6개이면 600, 10이 0개이면 0, 1이 7개이면 7이므로 □ 안에 알맞은 수는 607입니다.

03 백의 자리 숫자이므로 300을 나타냅니다.

04 ① 50 ② 5 ③ 500 ④ 500 ⑤ 5

05 10이 50개인 수, 490보다 10 큰 수, 499보다 1 큰 수는 모두 500을 나타냅니다.

06 460은 10이 46개인 수입니다.

07 100이 4개, 10이 7개, 1이 3개인 수이므로 473입니다.

08 ① 328<330 ③ 738>725
④ 494<496 ⑤ 539<541

09 50씩 뛰어 세기 한 것입니다.

10 영수와 예슬이는 백의 자리 숫자가 8로 가장 큽니다. 두 사람의 십의 자리 숫자를 비교하면 영수가 더 큽니다.

11 십의 자리 숫자가 7이므로 □7□가 되고, 가장 작은 수이어야 하므로 백의 자리 숫자는 1이 되어야 하고 일의 자리 숫자는 0이어야 합니다.

12 일의 자리 숫자를 비교하면 8<9이므로 □ 안에는 5보다 작은 0, 1, 2, 3, 4가 들어갈 수 있습니다.

13 460<□58<880이므로 백의 자리에 올 수 있는 숫자는 5, 6, 7, 8입니다.

15 가장 작은 수는 305이고, 두 번째로 작은 수는 306입니다.

16 473보다 커야 하므로 백의 자리에 올 수 있는 숫자는 5와 8입니다.
518, 581, 815, 851 ➡ 4개

17 100원짜리가 5개이면 500원, 50원짜리가 3개이면 150원, 10원짜리가 20개이면 200원이므로 500+150+200=850(원)입니다.

18 7을 제외한 두 숫자의 합이 10이어야 하고 10=9+1로 될 때 가장 큰 수를 만들 수 있으므로 971이 됩니다.

19 0, 5, 2, 6의 카드로 600보다 작은 수를 만들려면 백의 자리에 2, 5를 놓아야 합니다.
백의 자리가 2인 경우 :
205, 206, 250, 256, 260, 265
백의 자리가 5인 경우 :
502, 506, 520, 526, 560, 562

20 오른쪽으로는 1씩 커지고, 아래쪽으로는 110씩 커집니다. 따라서 ㉠에 들어갈 수는 589입니다.

21 ㉠75가 96㉡보다 크려면 ㉠은 9가 되어야 합니다.
96㉡이 ㉢98보다 크려면 ㉢은 9보다 작은 수가 되어야 하는데 가장 작은 숫자는 1입니다.
975>96㉡>198에서 ㉡은 0부터 9까지 모든 숫자가 될 수 있고 가장 작은 숫자는 0입니다.
따라서 9, 1, 0을 사용하여 만들 수 있는 가장 작은 세 자리 수는 109입니다.

22 백의 자리 숫자가 2일 때 203, 205, 208, 230, 235, 238, 250, 253, 258, 280, 283, 285 ➡ 12개
백의 자리 숫자가 2일 때 12개를 만들 수 있으므로 백의 자리 숫자가 3, 5, 8일 때에도 각각 12개씩 만들 수 있습니다.
따라서 만들 수 있는 세 자리 수는 모두

12+12+12+12=48(개)입니다.

23 300보다 크고 400보다 작은 수이므로 백의 자리 숫자는 3입니다.
각 자리의 숫자의 합이 9이므로 십의 자리 숫자와 일의 자리 숫자의 합은 9-3=6입니다.
따라서 구하는 세 자리 수는 306, 315, 324, 342, 351, 360으로 모두 6개입니다.

24 일의 자리 숫자가 십의 자리 숫자보다 3 작은 수는 □30, □41, □52, □63, □74, □85, □96이고 이 중에서 백의 자리 숫자가 십의 자리 숫자보다 2 큰 수는 530, 641, 752, 863, 974로 모두 5개입니다.

25 ㉠에서 일정하게 5번을 뛰어 세기 하면 ㉡이 됩니다.
5번을 뛰어 세어 200이 커졌으므로 40씩 뛰어 세기 한 것입니다.
따라서 ㉡은 525에서 40씩 3번을 뛰어 세면 645입니다.

② 여러 가지 도형   16~23쪽

01 ④	02 ①	03 3
04 7	05 8	06 6
07 ④	08 ②	09 ⑤
10 ②	11 3	12 7
13 5	14 ③	15 9
16 4	17 12	18 3
19 16	20 19	21 26
22 64	23 27	24 5
25 18		

02 원은 꼭짓점과 변이 없으며, 크기는 달라도 모양은 모두 같습니다.

03 사각형은 변과 꼭짓점이 각각 4개씩인 도형이므로 가, 바, 아로 3개입니다.

04 삼각형의 꼭짓점은 3개이고, 사각형의 꼭짓점은 4개이므로 꼭짓점 수의 합은 3+4=7입니다.

05 사각형은 변이 4개, 꼭짓점이 4개인 도형입니다.
➡ 4+4=8

06  ➡ 6개

07 ① 7개   ② 0개   ③ 0개
④ 8개   ⑤ 6개

08 ① 3개   ② 4개   ③ 5개
④ 5개   ⑤ 6개

11 삼각형 조각 : 5개, 사각형 조각 : 2개
➡ 5-2=3(개)

12 변이 있는 도형은 삼각형 5개, 사각형 5개로 모두 10개입니다.
변이 없는 도형은 원이므로 3개입니다.
□-△=10-3=7

13 사각형 ㄱㄴㄷㄹ,
사각형 ㄱㄴㄷㅁ,
사각형 ㄱㄴㄹㅁ,
사각형 ㄱㄷㄹㅁ,
사각형 ㄴㄷㄹㅁ
으로 5개가 있습니다.

14 다음과 같은 모양이 되므로 사각형입니다.

15 1칸으로 이루어진 사각형 □모양은 4개이고, 2칸으로 이루어진 사각형 □□모양은 2개, □모양은 2개이므로 모두 4개이고, 4칸으로 이루어진 사각형 □□모양은 1개입니다.
따라서 찾을 수 있는 크고 작은 사각형은 모두 4+4+1=9(개)입니다.

16 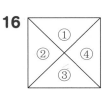 삼각형이 4개 생깁니다.

17 원을 I개 만들려면 **4**개의 모양이 필요하므로 **3**개 만들 때 필요한 개수는 **4+4+4=I2**(개)입니다.

18 가 : **5**개, 나 : **6**개, 다 : **6**개, 라 : **6**개, 마 : **4**개, 바 : **5**개

19 (가)는 I개, (나)는 I+3=**4**(개), (다)는 I+3+5=**9**(개)입니다.
따라서 (라)를 만들기 위해서는
I+3+5+7=**I6**(개)의
쌓기나무가 필요합니다.

20 사각형의 개수 : **5**개
삼각형의 개수 : **5**개
원의 개수 : **9**개
■+▲+●=5+5+9=**I9**

21 삼각형 I개짜리 : I2개, 삼각형 2개짜리 : 4개
삼각형 3개짜리 : 8개, 삼각형 6개짜리 : 2개
➡ I2+4+8+2=**26**(개)

22 둘레의 길이가 가장 짧도록
5개의 도형을 변끼리 이어
붙이면 오른쪽 그림과 같습
니다.
따라서 둘레의 길이는 **4** cm로 I6번이므로
64 cm입니다.

23 사각형 I개짜리 : I개, 2개짜리 : 3개
3개짜리 : 4개, 4개짜리 : 4개
5개짜리 : I개, 6개짜리 : 5개
8개짜리 : 2개, 9개짜리 : 3개
I0개짜리 : I개, I2개짜리 : 2개
I5개짜리 : I개
➡ I+3+4+4+I+5+2+3+I+2+I
=**27**(개)

24
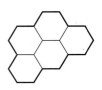

따라서 만들 수 있는 도형은 모두 **5**개입니다.

25
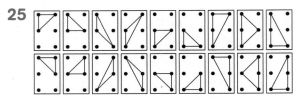

따라서 만들 수 있는 삼각형은 모두 **I8**개입니다.

---

3 덧셈과 뺄셈   24~31쪽

01 ④	02 49	03 42
04 78	05 64	06 39
07 ③	08 48	09 40
10 7	11 5	12 I4
13 I6	14 90	15 6I
16 I5	17 I70	18 34
19 39	20 I7	21 3
22 3	23 58	24 7
25 8		

01 ① 70　② 74　③ 7I
④ 78　⑤ 73

02 36+5=4I, 4I+8=49

03 34+8=42

04 84-6=78

05 78-6=72, 72-8=64

06 47-8=39

07 38+45=83
① 60　② I05　③ 83　④ 87　⑤ 64

08 29+58=87, 87-㉮=39,
㉮=87-39=48

09 25+6+9=40

10 $23-9-7=7$

11 $34-\square$가 28보다 커야 합니다.
$34-6=28$이므로 $\square$ 안에는 6보다 작은 수가 들어갈 수 있습니다.

12 두 사람이 같은 개수를 가지려면 $9+37=46$(개)를 똑같이 나누어 23개씩 가지면 됩니다.
따라서 웅이가 용희에게 $37-23=14$(개)를 주면 됩니다.
별해 웅이가 더 가지고 있는 $37-9=28$(개)의 반인 14개를 용희에게 주면 됩니다.

13 차가 가장 작게 되려면 숫자 카드 두 장을 뽑아 만들 수 있는 가장 작은 수에서 나머지 숫자 카드의 수를 뺍니다.
만들 수 있는 가장 작은 수는 24이고 나머지 한 장은 8이므로 $24-8=16$입니다.

14 $56+15+19=90$(권)

15 $82-38+17=61$(대)

16 $85-29=56$, $71-56=15$

17 합이 크려면 두 수의 십의 자리 숫자가 커야 하므로 9와 7이 각 수의 십의 자리 숫자가 되면 됩니다.
$94+76=170$, $96+74=170$

18

사과 ├──────────┤8개
배 ├──────────┤ 60개

(사과)+(사과)$=60+8=68$(개)이므로
사과는 68개의 반인 34개입니다.

19 $13+13=\square$이므로 $\square=26$입니다.
$\bigcirc-26=26$에서 $\bigcirc=26+26=52$입니다.
$52-26+13=\stackrel{\star}{}$이므로 $\stackrel{\star}{}=39$입니다.

20 $37-2=35$이므로 $35+\square=42$가 되는 $\square$를 먼저 구하면 $\square=7$입니다.
$35+\square>42$를 만족하려면 $\square$ 안에는 7보다 큰 수인 8, 9가 들어갈 수 있습니다.
➡ $8+9=17$

21 효근이가 가지고 있는 구슬 수 :
$45-9=36$(개)
동민이가 가지고 있는 구슬 수 :
$36+8=44$(개)
용희가 가지고 있는 구슬 수 :
$44-5=39$(개)
따라서 용희는 효근이보다 $39-36=3$(개) 더 많이 가지고 있습니다.

22 2장을 골라 합이 32가 넘게 하려면 한 장은 26이 되어야 합니다.
$26+6=32$이므로 나머지 한 장은 6보다 커야 합니다.
따라서 $26+7=33$, $26+8=34$, $26+9=35$로 모두 3가지입니다.

23 $\triangle$가 9이면 $9+9+9=27$, ☆$=27$
☆$+$☆$=\square-17$
➡ $27+27=\square-17$,
$\square=71$
$\square+\triangle+$☆$=\bigcirc+49$
➡ $71+9+27=\bigcirc+49$,
$107=\bigcirc+49$, $\bigcirc=58$

24
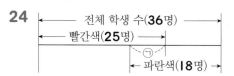

㉠ 부분은 빨간색과 파란색을 모두 좋아하는 학생을 나타내므로
㉠$=25+18-36=7$(명)입니다.

25 일의 자리 숫자의 합은 10, 십의 자리 숫자의 합은 5가 되는 수를 모두 찾습니다.
$12+48=60$, $13+47=60$,
$17+43=60$, $18+42=60$,
$21+39=60$, $24+36=60$,
$26+34=60$, $29+31=60$
따라서 만들 수 있는 식은 모두 8개입니다.

④ 길이 재기   32~39쪽

01 5	**02** 4	**03** ②
04 ②	**05** 6	**06** 24
07 55	**08** 6	**09** 24
10 10	**11** 16	**12** 60
13 2	**14** 20	**15** 4
16 32	**17** 11	**18** 58
19 99	**20** 3	**21** 10
22 60	**23** 10	**24** 108
25 11		

01 칫솔의 길이는 지우개를 **5**개 맞댄 길이와 같으므로 지우개로 **5**번입니다.

02 자의 큰 눈금 한 칸은 **l** cm입니다.
따라서 못의 길이는 큰 눈금 **4**칸이므로 **4** cm 입니다.

03 단위길이가 짧을수록 재어 나타낸 수는 큽니다.

04 똑같은 길이를 단위길이로 재었을 때, 재어 나타낸 수가 작을수록 단위길이는 깁니다.

05 연필의 길이는 긴 나무 도막의 길이에서 짧은 나무 도막의 길이를 뺀 길이와 같습니다.
따라서 **8−2=6** (cm)입니다.

06 (나)의 길이는 (가)의 길이로 **4**번이므로 (가)의 길이가 **6** cm이면, (나)의 길이는 **6+6+6+6=24** (cm)입니다.

07 책상의 높이는 전체의 높이에서 연필꽂이의 높이를 뺀 것과 같으므로 **75−20=55**(cm)입니다.

08 **21−15=6**(cm)

09 못 **9**개의 길이는 못 **3**개의 길이의 **3**배이므로 못 **9**개의 길이는 클립 **8+8+8=24**(개)의 길이와 같습니다.

10 가로 : **20** cm, 세로 : **30** cm
따라서 세로가 가로보다 **30−20=10** (cm) 더 깁니다.

11

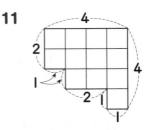

4+2+1+1+2+1+1+4=16(cm)

12 **12+12+12+12+12=60**(cm)

13 지혜가 가지고 있는 줄의 길이 : **29** cm
웅이의 남은 줄의 길이 : **48−21=27**(cm)
따라서 지혜의 줄이 **29−27=2**(cm) 더 깁니다.

14 단위길이는 지우개이고, 테이프는 단위길이로 **4**번이므로 **5+5+5+5=20**(cm)입니다.

15 ㉮ 테이프 : **4** cm, ㉯ 테이프 : **8** cm
따라서 ㉯ 테이프가 **8−4=4**(cm) 더 깁니다.

16 연필 한 자루의 길이는 못 **2**개의 길이와 같으므로 **4+4=8**(cm)입니다.
종이 테이프 한 개의 길이는 연필 **2**개의 길이와 같으므로 **8+8=16**(cm)입니다.
막대 한 개의 길이는 종이 테이프 **l**개와 못 **4**개의 길이와 같으므로 **16+4+4+4+4=32**(cm)입니다.

17 한초 : **13** cm
동민 : **13−3=10**(cm)
효근 : **10+1=11**(cm)

18 **38+49=29+□**
    87=29+□
    □=87−29
    □=58

19

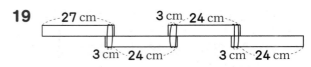

27+24+24+24=99(cm)
별해 **27+27+27+27−(3+3+3)**
    =99(cm)

20 색 테이프를 겹쳐진 부분 없이 이었을 때, 색 테이프의 길이는 $8+8+8+8=32(cm)$입니다.

겹쳐진 부분 없이 이은 것과 겹쳐서 이은 것은 $32-23=9(cm)$의 차이가 납니다.

따라서 겹쳐진 부분은 3곳이고,
$9-3-3-3=0$이므로 겹쳐진 부분 하나의 길이는 3 cm입니다.

21

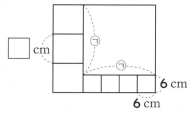

가장 큰 사각형에서 ㉠의 길이는 6 cm가 4번 있으므로 $6+6+6+6=24(cm)$입니다.
따라서 □+□+□=$24+6=30$이므로 □=10입니다.

22 둘레의 길이가 가장 긴 사각형 :

5 cm씩 26번이므로 10 cm씩 13번입니다.
➡ 130 cm

둘레의 길이가 가장 짧은 사각형 :

5 cm씩 14번이므로 10 cm씩 7번입니다.
➡ 70 cm
따라서 둘레의 길이의 차는
$130-70=60(cm)$입니다.

23

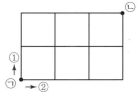

①번 방향으로 가는 방법은 4가지이고 ②번 방향으로 가는 방법은 6가지이므로

모두 $4+6=10$(가지)입니다.

24 둘레의 길이가 가장 짧도록 7개의 도형을 변끼리 이어 붙이면 오른쪽 그림과 같습니다.
따라서 둘레의 길이는
$6+6+6=18(cm)$가 6번이므로

$18+18+18+18+18+18=108(cm)$ 입니다.

25 종이띠를 빼거나 더해서 만들 수 있는 길이는
$5-4=1(cm)$, $6-4=2(cm)$,
$4+5-6=3(cm)$, 4 cm, 5 cm, 6 cm,
$5+6-4=7(cm)$, $4+5=9(cm)$,
$4+6=10(cm)$, $5+6=11(cm)$,
$4+5+6=15(cm)$로 모두 11가지입니다.

---

5 분류하기   40~47쪽

01 2	02 3	03 5
04 ③	05 2	06 5
07 16	08 ③	09 2
10 ③	11 4	12 5
13 8	14 1	15 ④
16 7	17 6	18 5
19 3	20 1	21 4
22 24	23 5	24 12
25 56		

02 ◯ 모양은 야구공, 지구본, 구슬로 3개입니다.

03 좋아하는 과일의 종류는 수박, 사과, 참외, 포도, 딸기로 모두 5종류입니다.

04 ◯ 모양 : 3개, ▱ 모양 : 4개, ▯ 모양 : 5개

05 축구공 : 4개, 야구공 : 2개
➡ $4-2=2$(개)

06 피자를 좋아하는 학생은 5명입니다.

08 튤립 : 4명, 나팔꽃 : 2명, 장미 : 5명, 해바라기 : 3명, 국화 : 2명

09 $4-2=2$(명)

10 봄 : 5명, 여름 : 4명, 가을 : 1명, 겨울 : 2명

11 기차, 비행기, 자전거, 배 ➡ 4가지

12 비행기 : **7**명, 자전거 : **2**명 ➡ **7－2＝5**(명)

13 (사자를 좋아하는 학생 수)
＝**26－9－4－5＝8**(명)

14 흐린 날은 **2**일, 맑은 날은 **1**일로 흐린 날이 맑은 날보다 **2－1＝1**(일) 더 많습니다.

15 표에서 눈 온 날이 **6**일이라고 했는데 자료에서 세어 보면 **5**일밖에 없으므로 **24**일에는 눈이 왔습니다.

16 (동물 수의 합)＝**3＋12＋9＝24**(마리)
(하늘에서 활동하는 동물 수)
＝**24－17＝7**(마리)

17 (튤립과 국화를 좋아하는 학생 수)
＝**24－8－4＝12**(명)
국화를 좋아하는 학생은 **12**명의 절반이므로 **6**명입니다.

18 (햄버거와 김밥을 좋아하는 학생 수)
＝**20－6－4－3＝7**(명)
햄버거를 좋아하는 학생은 **7＋3＝10**(명)의 절반이므로 **5**명입니다.

20 안경을 쓰지 않은 여학생 수 : **4**명
안경을 쓴 남학생 : **3**명
➡ **4－3＝1**(명)

21 **15**장보다 많이 가지고 있는 학생 수 : **13**명, **15**장보다 적게 가지고 있는 학생 수 : **9**명
➡ **13－9＝4**(명)

22 (구멍 수가 **2**개인 단추와 **4**개인 단추의 수)
＝**16＋27＋23－14＝52**(개)
구멍 수가 **2**개인 단추는 **52－4＝48**(개)의 절반이므로 **24**개입니다.
따라서 ㉠＝**24**입니다.

23 (B형과 O형의 학생 수)＝**20－8－3＝9**(명)
8보다 작고 **3**보다 큰 수 중 두 수의 합이 **9**가 되는 경우는 **5＋4＝9**이므로 B형인 학생은 **5**명입니다.

24 **24**개의 구슬을 똑같이 셋으로 나누면 **8**개씩입니다.

노란색 구슬 **4**개를 빨간색 구슬로 바꾸면 빨간색 구슬은 **8＋4＝12**(개), 파란색 구슬은 **8**개, 노란색 구슬은 **8－4＝4**(개)이므로 각각의 차가 **4**가 됩니다.
따라서 빨간색 구슬은 **12**개입니다.

25

	수호	지훈	동형
두 번째	24	24	24
첫 번째	12	44	16
처음	8	56	8

KMA 실전 모의고사

1 회　　　　　　　　　　　　48~55쪽

01	80	02	④	03	⑤
04	5	05	4	06	④
07	⑤	08	6	09	②
10	②	11	2	12	5
13	5	14	10	15	11
16	8	17	1	18	57
19	④	20	41	21	8
22	9	23	126	24	8
25	290				

01 100이 6개이면 600
　　10이 8개이면　80 ⎫ 689
　　1이 9개이면　　9 ⎭
따라서 **689**에서 십의 자리 숫자 **8**은 **80**을 나타냅니다.

02 ①, ②, ③, ⑤ ➡ **300**
④ ➡ **309**

03 사각형은 곧은 선 **4**개로 되어 있습니다.

04

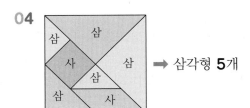

→ 삼각형 **5**개

05 **72**에서 **6**을 빼는 대신 **10**을 빼고 **4**를 더해 줍니다.

06 ① **34** ② **56** ③ **71** ④ **75** ⑤ **63**

08 큰 눈금 한 칸은 **1** cm입니다.
따라서 연필의 길이는 **6**칸이므로 **6** cm입니다.

10 떡볶이 : **3**명, 라면 : **6**명, 과일 : **4**명,
과자 : **2**명
따라서 가장 많은 학생들이 좋아하는 간식은 라면입니다.

11 만들 수 있는 수 중에서 **764**보다 큰 세 자리 수는 **815**, **851**이므로 **2**개입니다.

12 백의 자리 숫자와 일의 자리 숫자가 같으므로 **6** > □입니다.
따라서 □ 안에 들어갈 수 있는 숫자는 **1**, **2**, **3**, **4**, **5**이므로 **5**개입니다.

13

삼각형은 **8**개, 사각형은 **3**개 생깁니다.
→ **8** − **3** = **5**(개)

14 (가) **1**개
(나) **1** + **2** = **3**(개)
(다) **1** + **2** + **3** = **6**(개)
(라) **1** + **2** + **3** + **4** = **10**(개)
(마) **1** + **2** + **3** + **4** + **5** = **15**(개)
따라서 (라)에는 쌓기나무 **10**개를 쌓아야 합니다.

15 ○ − **3** = **6**이므로 ○ = **9**이고,
5 − △ = **3**이므로 △ = **2**입니다.
따라서 ○ + △ = **9** + **2** = **11**입니다.

16 **58** + □ < **67**을 만족하는 수는 **1**, **2**, **3**, **4**, **5**, **6**, **7**, **8**이고, **39** − □ < **32**를 만족하는 수는 **8**, **9**입니다.

따라서 □ 안에 공통으로 들어갈 수 있는 수는 **8**입니다.

17 색 테이프 ㉮의 길이는 큰 눈금이 **4**칸이므로 **4** cm이고, 색 테이프 ㉯의 길이는 큰 눈금이 **3**칸이므로 **3** cm입니다.
→ **4** − **3** = **1**(cm)

18 겹치지 않은 색 테이프 **5**장의 길이는 **13** + **13** + **13** + **13** + **13** = **65**(cm)입니다.
2 cm씩 겹쳐지는 부분은 **4**군데이므로 **2** + **2** + **2** + **2** = **8**(cm)만큼 짧아집니다.
따라서 이어진 색 테이프의 전체 길이는 **65** − **8** = **57**(cm)입니다.

20 전체 학생 수는 **33** + **29** = **62**(명)입니다.
㉠ = **62** − **25** = **37**
㉡ = **62** − **58** = **4**
따라서 ㉠과 ㉡의 합은 **37** + **4** = **41**입니다.

21 **8**이 들어 갈 경우 행복운수 버스 번호가 셋째로 큰 수가 됩니다.

사랑운수	정의운수	공정운수	행복운수	기쁨운수
678	681	688	684	781

22

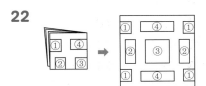

① : **4**장
②, ④ : 각각 **2**장씩
③ : **1**장
따라서 **9**장입니다.

23 ★ = **14** + **14** + **14** = **42**
▲ = **42** + **42** − **4** = **80**
● = **80** + **42** + **4** = **126**

24 **6**장을 이어 붙이면
(**7** + **7** + **7** + **7** + **7** + **7**)
− (**2** + **2** + **2** + **2** + **2**) = **32**(cm)이고
7장을 이어 붙이면 **32** + **5** = **37**(cm),
8장을 이어 붙이면 **37** + **5** = **42**(cm),
9장을 이어 붙이면 **42** + **5** = **47**(cm)입니다.

따라서 이어 붙인 길이가 **40** cm보다 길고 **45** cm보다 짧게 만들려면 **8**장을 이어 붙여야 합니다.

25 노란색 색연필은 **52**＋**18**＝**70**(자루)입니다.
따라서 파란색 색연필은 **70**자루보다 많고 **75**자루보다 적으므로 **71**, **72**, **73**, **74**자루가 될 수 있습니다.
➡ **71**＋**72**＋**73**＋**74**＝**290**

---

②회 56~63쪽

01	3	02	15	03	5
04	9	05	41	06	32
07	⑦	08	5	09	3
10	④	11	349	12	6
13	16	14	25	15	80
16	10	17	32	18	9
19	3	20	6	21	57
22	8	23	46	24	8
25	2				

01 십의 자리에 '**5**'가 써 있는 수는 **457**, **259**, **652**이므로 모두 **3**개입니다.

02 ㉠＋㉡＋㉢＝**4**＋**3**＋**8**＝**15**

03 원은 **7**개이고 삼각형은 **2**개이므로 원이 **7**－**2**＝**5**(개) 더 많습니다.

04 쌓은 쌓기나무는 **6**개이고, 남은 쌓기나무는 **3**개이므로 연아가 처음에 가지고 있었던 쌓기나무는 **6**＋**3**＝**9**(개)입니다.

05 □－**23**＝**18** ➡ □＝**18**＋**23**, □＝**41**

06 마주 보고 있는 두 수의 합은 **64**입니다.
32＋□＝**64** ➡ □＝**64**－**32**＝**32**

07 단위길이는 작은 눈금 **2**칸의 길이와 같으므로 단위길이의 **3**배는 작은 눈금 **6**칸의 길이와 같습니다.
따라서 ①에서 ⑦번 눈금까지의 길이와 같습니다.

08 큰 눈금 한 칸의 길이는 **1** cm이고, 막대의 길이는 큰 눈금 **5**칸의 길이와 같으므로 **5** cm입니다.

09 공을 사용하는 운동 종목은 농구, 배구, 야구로 모두 **3**종목입니다.

10 스파게티 : **3**명, 치킨 : **4**명, 햄버거 : **2**명, 피자 : **6**명
따라서 가장 좋아하는 음식은 피자입니다.

11 일의 자리 숫자는 **8**보다 크므로 **9**입니다.
십의 자리 숫자는 일의 자리 숫자보다 **5** 작으므로 **4**입니다.
각 자리의 숫자를 모두 합하면 **16**이므로 백의 자리 숫자는 **3**입니다.
따라서 세 자리 수는 **349**입니다.

12 십의 자리 숫자를 □라 하면 **5**□**7**입니다.
따라서 **560**보다 작은 수는 **507**, **517**, **527**, **537**, **547**, **557**로 **6**개입니다.

13 △ : **12**개
　　 : **4**개　➡ **12**＋**4**＝**16**(개)

14 (가) : **1**개
(나) : **1**＋**3**＝**4**(개)
(다) : **1**＋**3**＋**5**＝**9**(개)
(라) : **1**＋**3**＋**5**＋**7**＝**16**(개)
따라서 (마)에는 쌓기나무를
1＋**3**＋**5**＋**7**＋**9**＝**25**(개) 쌓아야 합니다.

15 **76**＋**4**＝**80** 또는 **74**＋**6**＝**80**

16 (남은 감자)＝**53**－**25**－**18**＝**10**(상자)

17 작은 사각형의 한 변의 길이가 **2** cm이고, **2** cm인 변이 **16**개이므로 굵은 선의 길이는 **32** cm입니다.

18 막대가 겹쳐진 부분의 길이는 두 막대의 길이의 합에서 만들어진 막대의 길이를 빼

주면 구할 수 있습니다.

➡ $72+35-98=9$(cm)

19 사각형이면서 구멍이 **2**개인 단추 : **4**개

원이면서 구멍이 **2**개인 단추 : **1**개

➡ $4-1=3$(개)

20 피구와 배드민턴을 좋아하는 학생이 **12**명이므로 축구와 야구를 좋아하는 학생은

$27-12=15$(명)입니다.

그런데 축구를 좋아하는 학생이 야구를 좋아하는 학생보다 **3**명이 더 많으므로 축구를 좋아하는 학생은 **9**명, 야구를 좋아하는 학생은 **6**명입니다.

21 백의 자리가 **2**인 경우 :

288, **299**로 **2**개

백의 자리가 **3**인 경우 :

300, **311**, …, **399**로 **10**개

백의 자리가 **4**, **5**, **6**, **7**인 경우 : 각각 **10**개씩

백의 자리가 **8**인 경우 :

800, **811**, …, **844**로 **5**개

따라서 구하고자 하는 수는 모두

$2+50+5=57$(개)입니다.

22

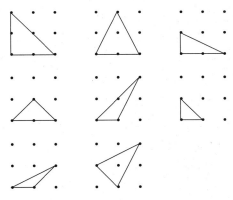

23 $10 + 12 = 22$

$12 + 14 = 26$

$14 + 16 = 30$

$16 + 18 = 34$

$18 +(20)=(38)$

$(20)+(22)=(42)$

$(22)+(24)=(46)$

24 유승이의 **5**뼘의 길이는

$12+12+12+12+12=60$(cm)이므로

10뼘의 길이는 $60+60=120$(cm)입니다.

근희의 **4**뼘의 길이는

$15+15+15+15=60$(cm)이므로

8뼘의 길이는 $60+60=120$(cm)입니다.

25 떡볶이를 고른 학생이 **23**명이므로 떡볶이와 치킨을 고른 학생은 $23-8-6=9$(명)입니다.

돈가스와 치킨을 고른 학생은

$50-8-12-7-6-9=8$(명)이므로

돈가스를 고른 학생은 $12+6+8=26$(명),

치킨을 고른 학생은 $7+9+8=24$(명)입니다.

따라서 돈가스를 고른 학생은 치킨을 고른 학생보다 $26-24=2$(명) 더 많습니다.

---

3 회   64~71쪽

01 ③	02 10	03 5
04 ④	05 10	06 15
07 ④	08 8	09 3
10 ②	11 4	12 18
13 10	14 ③	15 18
16 45	17 2	18 67
19 5	20 5	21 579
22 20	23 75	24 36
25 3		

01 ① 30   ② 3   ③ 300   ④ 30   ⑤ 3

02 ㉠+㉡+㉢+㉣=3+0+2+5=10

03 원은 모두 **11**개입니다.

삼각형은 모두 **6**개입니다.

➡ $11-6=5$(개)

04 ① 5개   ② 5개   ③ 5개   ④ 6개   ⑤ 5개

05 $62+17=60+2+10+7$

$\qquad\quad =60+10+2+7$

$\qquad\quad =79$

06 일의 자리 계산에서 **3**과 ㉡을 더하여 **12**가 나오는 경우는 **9**이므로 ㉡=**9**입니다.
십의 자리 계산에서 **1**+㉠+**4**=**11**이므로 ㉠=**6**입니다.
따라서 ㉠+㉡=**6**+**9**=**15**입니다.

07 과자는 **7** cm보다 짧습니다.
따라서 ④는 잘못된 표현입니다.

08 연필 : **18**−**4**=**14**(cm),
못 : **18**−**12**=**6**(cm)
못과 연필의 길이의 차 : **14**−**6**=**8**(cm)

09 의사 : **5**명, 가수 : **2**명
➡ **5**−**2**=**3**(명)

10 ① 농구공은 **4**명이 가지고 있습니다.
③ **2**명만 가지고 있는 공은 축구공입니다.

11 **10**이 **18**개이면 **180**이고, **1**이 **11**개이면 **11**이므로 **191**입니다.
591은 **100**이 □개, **1**이 **191**개인 수와 같습니다.
따라서 □는 **4**입니다.

12 백의 자리 숫자가 **3**일 때 **304**, **307**, **340**, **347**, **370**, **374** ➡ **6**개
이와 마찬가지로 백의 자리 숫자가 **4**일 때 **6**개, 백의 자리 숫자가 **7**일 때 **6**개로 모두 **18**개의 세 자리 수를 만들 수 있습니다.

13 **1**칸짜리 삼각형 : **4**개
2칸짜리 삼각형 : **3**개
3칸짜리 삼각형 : **2**개
4칸짜리 삼각형 : **1**개
따라서 모두 **4**+**3**+**2**+**1**=**10**(개)입니다.

14 ⬭◁⬡▷ 가 반복되는 규칙입니다.
따라서 **27**째 번에 오는 도형은 ▢입니다.
▢의 이름은 사각형입니다.

15 어떤 수를 □라 하면
35+□=**52** ➡ □=**52**−**35**=**17**입니다.
따라서 바르게 계산하면 **35**−**17**=**18**입니다.

16 두 수끼리 묶어서 먼저 계산하면

50−**49**=**1**, **48**−**47**=**1**, **46**−**45**=**1**,
44−**43**=**1**, **42**−**41**=**1**입니다.
따라서 **1**+**1**+**1**+**1**+**1**+**40**=**45**입니다.

17 색 테이프 ㉮의 길이는 큰 눈금이 **7**칸이므로 **7** cm이고, 색 테이프 ㉯의 길이는 큰 눈금이 **5**칸이므로 **5** cm입니다.
➡ **7**−**5**=**2**(cm)

18 **5**장을 이어 붙일 때 이어 붙인 부분은 **4**곳입니다.
15+**15**+**15**+**15**+**15**−**2**−**2**−**2**−**2**
=**67**(cm)

19 구멍이 **3**개이면서 네모 모양은 **2**개이고, 구멍이 **2**개이면서 별 모양은 **3**개입니다.
따라서 빨간색 주머니에 넣을 수 있는 단추는 모두 **5**개입니다.

20 **2**반 여학생 수는
45−**14**−**12**−**10**=**9**(명)입니다.
따라서 여학생 수가 가장 많은 반은 **1**반, 가장 적은 반은 **2**반이므로 두 반의 여학생 수의 차는 **14**−**9**=**5**(명)입니다.

21 딱지가 많은 순서대로 나열하면
593, **59**□, **5**□**5**, **5**□**9**, **576**입니다.
593과 **5**□**5**를 비교하면 **5**□**5**의 일의 자리 숫자가 크므로 영수가 가지고 있는 딱지는 **585**개입니다.
또한, **585**와 **5**□**9**도 마찬가지로 **5**□**9**의 일의 자리 숫자가 크므로 한초가 가지고 있는 딱지는 **579**개입니다.

22

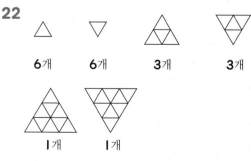

따라서 찾을 수 있는 크고 작은 삼각형은 모두
6+**6**+**3**+**3**+**1**+**1**=**20**(개)입니다.

23

	첫 번째	두 번째	세 번째
철민	·	30	75
혁수	60	·	45
진영	60	90	·

따라서 철민이가 가지고 있는 구슬은 **75**개입니다.

24

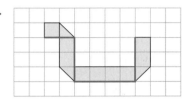

색 띠의 접힌 부분을 펼쳐 보면서 생각합니다.
색 띠에 나타낸 선분의 길이가 펼쳤을 때의 색 띠의 길이입니다.
따라서 색 띠의 길이는 **36** cm입니다.

25 먼저 보이는 부분만을 표로 나타내어 봅니다.

동물	토끼	고양이	햄스터	강아지	원숭이	합계
학생 수 (명)	3	3	2	7	1	16

주어진 표에서 토끼를 좋아하는 학생이 **4**명이고, 고양이를 좋아하는 학생이 햄스터를 좋아하는 학생보다 **2**명 더 많아야 하므로 보이지 않는 부분 중 **1**명은 토끼를, **1**명은 고양이를 좋아하는 학생입니다.
➡ **7−4=3**(명)

④ 회　　　　　　　　72~79쪽

01 ③	**02** 4	**03** ⑤
04 1	**05** 92	**06** 89
07 10	**08** ④	**09** 3
10 ①	**11** 770	**12** 805
13 10	**14** 9	**15** 58
16 18	**17** 8	**18** 35
19 4	**20** 8	**21** 8
22 12	**23** 32	**24** 6
25 10		

01 ① **500** ② **500** ③ **501** ④ **499** ⑤ **500**

02 세 자리 수이므로 **0**은 백의 자리에 올 수 없습니다.
따라서 **409, 490, 904, 940**으로 **4**개입니다.

03 ① **3**개 ② **4**개 ③ **5**개 ④ **7**개 ⑤ **8**개

04

삼각형 : ㉢, ㉣, ㉤, ㉥, ㉩으로 **5**개,
사각형 : ㉠, ㉦, ㉧, ㉪으로 **4**개입니다.
따라서 삼각형의 개수는 사각형의 개수보다 **1**개 더 많습니다.

05 합이 가장 크게 하려면, 십의 자리에 가장 큰 숫자를 씁니다.
따라서 **87+5=92** 또는 **85+7=92**입니다.

06 39+56을 계산하기 위해 **39**에 **50**을 먼저 더한 후 **6**을 더한 것입니다.
$$39+56=39+50+6$$
$$=89+6$$
$$=95$$
따라서 ㉡은 **89**입니다.

07 단위길이는 **1**칸에 해당하므로 **10**번입니다.

08 18 cm와 차이가 가장 적게 나는 사람이 가장 가깝게 어림한 것입니다.

09 삼각형 모양인 물건은 옷걸이, 트라이앵글, 표지판이므로 **3**개입니다.

10 축구공 : **4**개, 야구공 : **2**개, 농구공 : **3**개, 배구공 : **1**개
따라서 가장 많은 학생들이 가지고 있는 공은 축구공입니다.

11 470부터 **50**씩 뛰어 세기를 한 것입니다.
620−670−720−770에서 ㉠에 알맞은 수는 **770**입니다.

12 0, 5, 8로 만들 수 있는 세 자리 수를 가장

작은 수부터 알아보면,
$508 \rightarrow 580 \rightarrow \boxed{805} \rightarrow 850$입니다.

13 I개짜리로 된 삼각형 **8**개와 **4**개짜리로 된 큰 삼각형 **2**개를 합하여 모두 **10**개입니다.

15 두 수의 합은 $29+34=63$이고,
두 수의 차는 $34-29=5$입니다.
따라서 ㉠=**63**, ㉡=**5**이므로
㉠-㉡=$63-5=58$입니다.

16 합이 **62**가 되는 두 수는 **44**와 **18**입니다.
이 중에서 작은 수는 **18**입니다.

17 나무 막대의 길이는 큰 눈금 **8**칸과 길이가 같으므로 **8** cm입니다.

18 **2**장의 색 테이프를 연결하여 만든 길이는
$27+44=71$(cm)입니다.
따라서 ㉠ 색 테이프의 길이는
$71-36=35$(cm)입니다.

19 (국화를 좋아하는 학생)
$=79-(24+16+19)=20$(명)
따라서 장미를 좋아하는 학생은 국화를 좋아하는 학생보다 $24-20=4$(명) 더 많습니다.

20 체육과 국어를 좋아하는 학생은
$25-7-5=13$(명)입니다.
국어를 좋아하는 학생 수를 □명이라 하면 체육을 좋아하는 학생 수는 (□+**3**)명입니다.
따라서 □+□+**3**=**13**, □+□=**10**,
□=**5**이므로 국어를 좋아하는 학생은 **5**명이고, 체육을 좋아하는 학생은 **8**명입니다.

21 일의 자리에 **0**부터 차례로 넣어 조건에 맞는 수를 알아봅니다.
210, 321, 432, 543, 654, 765, 876, 987 ➡ 8개

22 ➡ **8**개

➡ **2**개

➡ **2**개

따라서 찾을 수 있는 크고 작은 삼각형은 모두
$8+2+2=12$(개)입니다.

23 $25+26+32=83$입니다.
따라서 **25, 26, 32** 중에서 가장 큰 수는 **32**입니다.

24 $26-17=9$(cm)이므로 못의 길이는
$15-9=6$(cm)입니다.

25 구멍이 **3**개인 단추를 ■, 구멍이 **4**개인 단추를 ▲, 구멍이 **2**개인 단추를 ◆, 구멍이 **6**개인 단추를 ●라고 하면,
■>▲>◆>●이고, ■+▲+◆+●=**40**,
■-◆=**8**, ▲-●=**4**입니다.

단추	개수				
■	13	14	15	16	17
▲	13	12	11	10	9
◆	5	6	7	8	9
●	9	8	7	6	5
합계	40	40	40	40	40
	(×)	(×)	(×)	(○)	(×)

따라서 구멍이 **4**개인 단추는 **10**개입니다.

KMA 최종 모의고사

① 회　　　　　　　　　　　　80~87쪽

01	251	02	502	03	⑤
04	④	05	4	06	65
07	6	08	16	09	2
10	①	11	4	12	629
13	9	14	14	15	84
16	53	17	10	18	14
19	2	20	7	21	120
22	10	23	29	24	30
25	19				

01 200보다 크고 300보다 작은 수이므로 백의 자리 숫자가 **2**임을 알 수 있습니다.
일의 자리 숫자는 백의 자리 숫자보다 **1** 작은 수이므로 **1**입니다.
따라서 설명하고 있는 세 자리 수는 **251**입니다.

02 9<u>5</u>8, 4<u>5</u>6, 1<u>5</u>3 ➡ 50
5<u>0</u>2 ➡ 500
70<u>5</u> ➡ 5

03 ⑤ 라의 변의 개수는 **6**개이고, 나의 꼭짓점의 개수는 **4**개입니다.

05 □+□+□+□=16이므로 □=**4**입니다.

06 $65-26=39$ < $26+39=65$ / $39+26=65$

07 2부터 8까지는 **1** cm가 **6**번 있으므로 **6** cm입니다.

08 $2+2+2+2+2+2+2+2=16$ (cm)

09 사각형 : **4**개, 원 : **2**개
➡ $4-2=2$ (개)

10 장미 : **7**명, 해바라기 : **4**명, 튤립 : **4**명, 백합 : **3**명

11 백의 자리 숫자는 7로 같고, 일의 자리 숫자가 2<6이므로 십의 자리 숫자는 5>□이어야 합니다.
따라서 □ 안에 들어갈 수 있는 숫자는 4, 3, 2, 1, 0이고, 이 중에서 가장 큰 숫자는 **4**입니다.

12 세 자리 수를 작은 수부터 순서대로 나열하면 269, 296, 629, 692, 926, 962입니다.
따라서 세 번째로 작은 수는 **629**입니다.

13 사각형 1칸짜리 : **4**개
사각형 2칸짜리 : **4**개
사각형 4칸짜리 : **1**개
➡ $4+4+1=9$ (개)

14 첫 번째 사각형은 성냥개비가 **4**개 사용되고, 두 번째부터는 **3**개씩 사용됩니다.
$\underbrace{4+3+3+\cdots+3}_{\text{13개}}=43$이므로 사각형을 **14**개

만들 수 있습니다.

15 $75-29=46$, $46+38=84$

16 가장 큰 수 : **45**,
가장 작은 수 : **28**
➡ $45-28=17$
$17+\underset{\text{남은 수}}{\underline{36}}=53$

17 삼각형의 세 변의 길이의 합은 성냥개비 **8**개의 길이와 같고, 사각형의 네 변의 길이의 합은 성냥개비 **10**개의 길이와 같습니다.
따라서 $10-8=2$ (개)이므로 사각형의 네 변의 길이의 합이 성냥개비 **2**개의 길이인 $5+5=10$ (cm)만큼 더 깁니다.

18 겹치는 부분은 색 테이프의 장수보다 **1**개 적습니다.
유승이의 색 테이프 길이 :
$20+20+20+20-4-4-4=68$ (cm)
예슬이의 색 테이프 길이 :
$15+15+15+15-2-2-2=54$ (cm)
➡ $68-54=14$ (cm)

19 각 층별로 구입할 수 있는 물건을 알아보면 1층은 포도, 딸기, 생선, 오이, 수박으로 **5**개, 2층은 연필, 공책, 다리미, 딱풀, 자, 쓰레받기, 지우개로 **7**개, 3층은 야구공, 농구공, 농구골대로 **3**개입니다.
따라서 구입할 물건이 가장 많은 층은 **2**층입니다.

20 (피자와 떡볶이를 좋아하는 학생 수)
$=30-12-5=13$ (명)
12보다 작고 5보다 큰 수 중 두 수의 합이 13이 되는 경우는 $7+6=13$이므로 피자를 좋아하는 학생 수는 **7**명입니다.

21 백의 자리 숫자에 사용되는 1은
100, 101, 102, 103, ……, 199로 **100**번입니다.
십의 자리 숫자에 사용되는 1은
110, 111, ……, 119로 **10**번입니다.
일의 자리 숫자에 사용되는 1은
101, 111, 121, ……, 191로 **10**번입니다.

➡ 100+10+10=120(번)

22 삼각형을 그리면 다음과 같습니다.

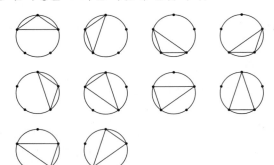

따라서 그릴 수 있는 삼각형은 모두 10개입니다.

23 △=8
8+8+8+8=◎, ◎=32
8+8+32=☆, ☆=48
48−□+32=51,
□=48+32−51=29

24

17 cm

가
나
다

ⓛ+ⓛ+5=17에서 ⓛ=6(cm)입니다.
ⓒ+ⓒ+ⓒ=62−17−6=39(cm)
따라서 ⓒ은 13 cm이므로 가장 긴 막대의 길이는 13+17=30(cm)입니다.

25 단추는 모두 11+18+14=43(개)입니다.
구멍이 3개인 단추가 13개이므로 구멍이 2개인 단추와 4개인 단추의 합은 30개입니다.
구멍이 4개인 단추는 30+8=38(개)의 절반이므로 19개입니다.

01 311	02 ⑤	03 6
04 13	05 15	06 24
07 ①	08 5	09 ③
10 9	11 862	12 141
13 ④	14 18	15 39
16 54	17 24	18 3
19 10	20 14	21 ③
22 12	23 27	24 10
25 45		

01 30씩 뛰어 세기 한 것입니다.

02 ⑤ 9<u>1</u>7 < 97<u>1</u>

03 삼각형은 곧은 선이 3개, 꼭짓점이 3개인 도형입니다.
➡ 3+3=6

04 진영이가 쌓은 모양에 사용된 쌓기나무는 7개이므로 처음에 가지고 있던 쌓기나무는
7+6=13(개)입니다.

05 ㉮

	3	9
+		㉠
㉡	4

㉯

	6	㉠
−		8
㉡	3

㉮ 9+㉠=14 ➡ ㉠=5
1+3=㉡ ➡ ㉡=4
㉯ 10+㉠−8=3 ➡ ㉠=1
6−1=㉡ ➡ ㉡=5
따라서 □ 안에 알맞은 숫자의 합은
5+4+1+5=15입니다.

06 52−25=27이므로 □ 안에 들어갈 수는 25보다 작아야 합니다.
따라서 □ 안에 들어갈 수 있는 가장 큰 수는 24입니다.

08 막대의 길이가 자의 큰 눈금 5칸과 길이가 같으므로 5 cm입니다.

09 봄 : 6명, 여름 : 5명, 가을 : 1명, 겨울 : 3명

10 (농구를 좋아하는 학생)
$=24-8-2-5=9$(명)

11 100원짜리가 6개이면 600원이고, 10원짜리가 23개이면 230원, 1원짜리가 32개이면 32원입니다.
따라서 모두 862원입니다.

12 세 자리 수 ㉠㉡㉢은 150보다 작은 수이고, 백의 자리 숫자 ㉠과 일의 자리 숫자 ㉢은 같으므로 ㉠=1, ㉢=1입니다.
따라서 십의 자리 숫자 ㉡=1+3=4이므로 세 자리 수는 141입니다.

13 ㉠모양을 돌리면 ㉯과 같은 모양이 됩니다.

14 1칸짜리 : 6개, 2칸짜리 : 7개, 3칸짜리 : 2개, 4칸짜리 : 2개, 6칸짜리 : 1개
따라서 찾을 수 있는 크고 작은 사각형은 모두 $6+7+2+2+1=18$(개)입니다.

15 두 수의 차가 가장 작으려면 가장 작은 두 자리 수에서 가장 큰 한 자리 수를 빼야 합니다.
➡ $46-7=39$

16 21보다 크고 23보다 작은 수는 22입니다.
따라서 $76-\square=22$이므로 $\square=54$입니다.

17 볼펜의 길이는 연필의 길이보다 3 cm 더 길기 때문에 $13+3=16$(cm)입니다.
못의 길이는 볼펜의 길이보다 8 cm 더 짧으므로 $16-8=8$(cm)입니다.
따라서 못과 볼펜의 길이의 합은 $16+8=24$(cm)입니다.

18 $12+12+12+12-\square-\square-\square=39$,
$\square=3$

19 늘어놓은 규칙을 알아보면 ○○△□가 반복됩니다.
$20=4+4+4+4+4$이므로 4씩 5묶음이며 한 묶음마다 원은 2개씩입니다.
따라서 원은 $2+2+2+2+2=10$(개)입니다.

20 (빨간색 블록 수)$=13+9+12=34$
(파란색 블록 수)$=34-4=30$
(파란색 둥근기둥 모양과 파란색 공 모양의 블록 수)$=30-4=26$
따라서 파란색 둥근기둥 모양의 블록 수는 $26+2=28$의 절반인 14개입니다.

21 ㉠ ■●★ > ●■★에서 백의 자리 숫자를 비교해 보면 ■ > ●입니다.
㉡ ●■★ > ●★■에서 백의 자리 숫자가 같으므로 십의 자리 숫자를 비교해 보면 ■ > ★입니다.
㉢ ●▲■ > ●■▲에서 백의 자리 숫자가 같으므로 십의 자리 숫자를 비교해 보면 ▲ > ■입니다.
㉣ ▲■● > ▲■★에서 백의 자리, 십의 자리 숫자가 같으므로 일의 자리 숫자를 비교해 보면 ● > ★입니다.
■ > ●, ■ > ★, ▲ > ■에서 ■는 두 수 ●, ★보다 크고, ▲보다 작으므로 ▲가 가장 큰 수이고 ■가 둘째로 큰 수입니다.
나머지 두 수는 ● > ★이므로 ●가 셋째로 큰 수, ★이 가장 작은 수입니다.
➡ ▲ > ■ > ● > ★
따라서 네 장의 숫자 카드로 만들 수 있는 가장 큰 세 자리 수는 ③ ▲■●입니다.

22 색종이가 1장일 때
□ : 1개
색종이가 2장일 때
□□ : 3개(1+2)
색종이가 3장일 때
□□□ : 6개(1+2+3)
색종이가 4장일 때
□□□□ : 10개(1+2+3+4)
따라서 $1+2+3+4+\cdots$ 계속 더해서 합이 78이 되는 경우를 찾아야 합니다.
$1+2+3+4+\cdots+9+10+11+12=78$이므로 수홍이가 붙인 색종이는 모두 12장입니다.

23
$$
\begin{array}{r}
(\clubsuit + \blacklozenge) = 72 \\
-(\heartsuit + \clubsuit) = 56 \\
\hline
\blacklozenge - \heartsuit = 16
\end{array}
$$

$$(\blacklozenge + \heartsuit) = 70$$
$$-(\blacklozenge - \heartsuit) = 16$$
$$\overline{\quad \heartsuit + \heartsuit = 54 \quad}$$
$$\Rightarrow \heartsuit = 27$$

24

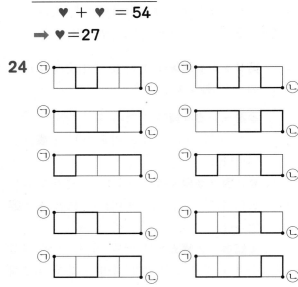

25 현서는 유림이에게 차례로 **6**개, **6**개, **6**개의
구슬을 주고, 마지막에 유림이에게 **6**개의
구슬을 받습니다.
따라서 가위바위보 놀이 결과 현서의 줄어든
구슬의 수가 **6+6=12**(개)이므로 처음에 가
지고 있던 구슬은 **33+12=45**(개)입니다.

Memo

Memo

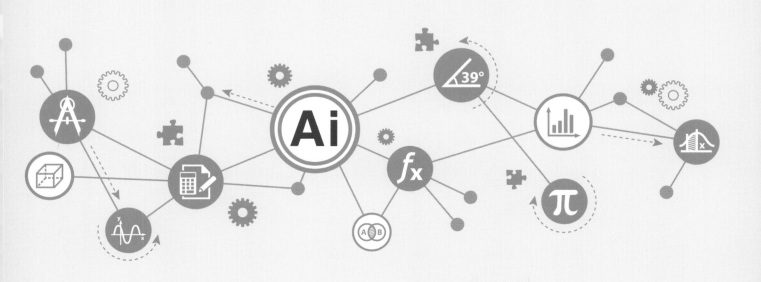

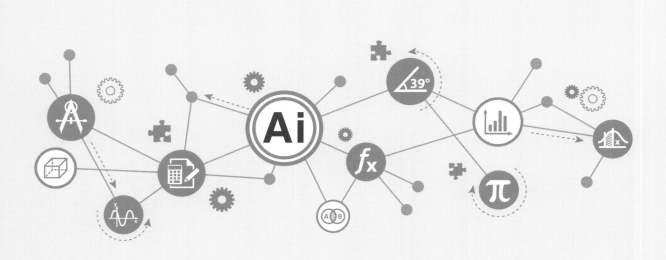